コレで世の中変わるぞ！
近未来プロジェクト

走れ！ロボ電！！

千馬　勇

はじめに

子供の頃、母に聞かせてもらった物語の中に、神様から羽の付いた「金のサンダル」をもらった少年が、空を飛んで世界中を自由自在に旅する話がありました。

憧れだった、その気軽にどこにでも行ける「金のサンダル」は、時が経《た》つにつれ、私の頭の中で、いつしか「ロボット電車」という乗り物へと変化していきました。

「ロボット電車」というのは私の造語で、ボタンを押すだけで、自分の行きたい所へ乗り換えなしに自動的に運んでくれる乗り物です。

イメージとしては、東京のお台場を走っている新交通システム「ゆりかもめ」の半分ぐらいの大きさのものだと思ってください。

中に入ると、トイレはもちろん、シャワーやキッチン、なんとベッドまで付いていて、あなたが寝ている間に、会社に到着する時間を逆算して自動的に動き出します。

そして、あなたが目を覚まし、顔を洗って着替えを済ませ、ニュースを見ながら朝食をとり、コーヒーを飲んでいるうちに、会社に到着してくれるという、とても便利な乗り物なのです。

もし、こんな乗り物ができたら、みなさんの通勤・通学が楽になるばかりか、日本人の生活スタイルそのものが一変すると思いませんか？

荒唐無稽《こうとうむけい》に感じられる方もいるでしょう。「ばかばかしい」と一笑に付す方もいらっしゃるかもしれません。しかし、これは決して夢物語ではないのです。みなさんの知恵と勇気、そして情熱を集めれば、科学技術の進んだ現代の日本でなら絶対に実現できるはずの近未来社会なのです。

いかがでしょうか、これから私と一緒に「金のサンダル」（ロボット電車づくりの旅をしてみませんか？　そして近未来の日本を夢見てみませんか？

時代は今から20年後。全国津々浦々をロボット電車が走り、誰もがその恩恵を享受している――そんな姿を思い浮かべてみてください。

ぼんやりと、イメージできましたか？

それでは、いざ出発進行!!

盛り上った飲み会後…
このまますぐ家に着けたらサイコー
ワーン
あの〜トイレはどこですか?
ザッ
こちらです
フッ
フッ?
しかしそこは…
じゃ〜んっ
なにココ!?
(トイレはあるけド)
近未来の乗り物ロボ電しゃっ
え
おっちゃんちょお〜と飲みすぎてんな奥さんにまた怒られまっせ!!
誰?
「ロボ電」?
電車…が
しゃべって…
しかも大阪弁…
とにかく早よそこのボタンちゃんと押してやードア開けっぱなしや。発車するでっ
発車!って…行き先は…?
ドキドキ
ボタンボタン
ほなっ夢と妄想の世界へ…
出発進行やっ!!
ひょえええっ
ROBO
居酒屋未来
シャーーッ

目次

毎日がこんなに愉快に！
――ロボット電車で人生も変わる、かも

CREATION PROCESS 1

CREATION PROCESS 2

クルマじゃダメ！な理由
——地球に優しいロボ電社会

CREATION PROCESS 3

ほんとに本気ですよ!

――ロボ電開発大作戦

CREATION PROCESS 4

生活スタイルを一新！
——世界を変える秘密兵器・ロボ電

CREATION PROCESS 5

かくして黄金の国ジパングの出現へ
——誰もが才能を発揮できる時代

CREATION PROCESS 1

毎日がこんなに愉快に！

——ロボット電車で人生も変わる、かも

出勤前にサーフィンを満喫

——新人ビジネスマン・野見杉太の場合

野《の》見《み》杉《すぎ》太《た》は、入社1年目の新社会人です。なぜ今の会社に入社したかというと、この会社は、なんと入社後3年間、スモールタイプのロボット電車を無料で貸してくれるからです。

スモールタイプとは、宿泊型の中ではいちばん小さいタイプのロボット電車のことです。浄水タンクが小さいので、お風呂は付いていませんが、トイレとシャワー、ＩＨクッキングヒーター付きミニキッチンに、ソファやベッドが付いています。

サーフィンが大好きな杉太は、会社からロボ

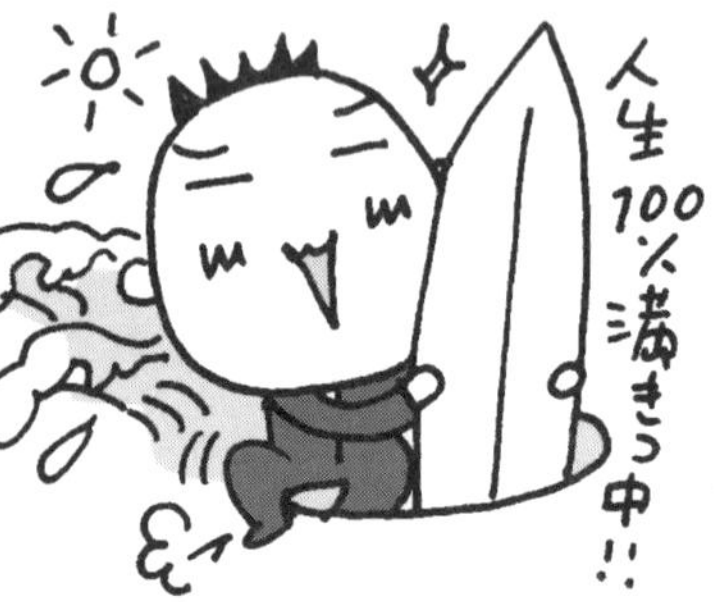

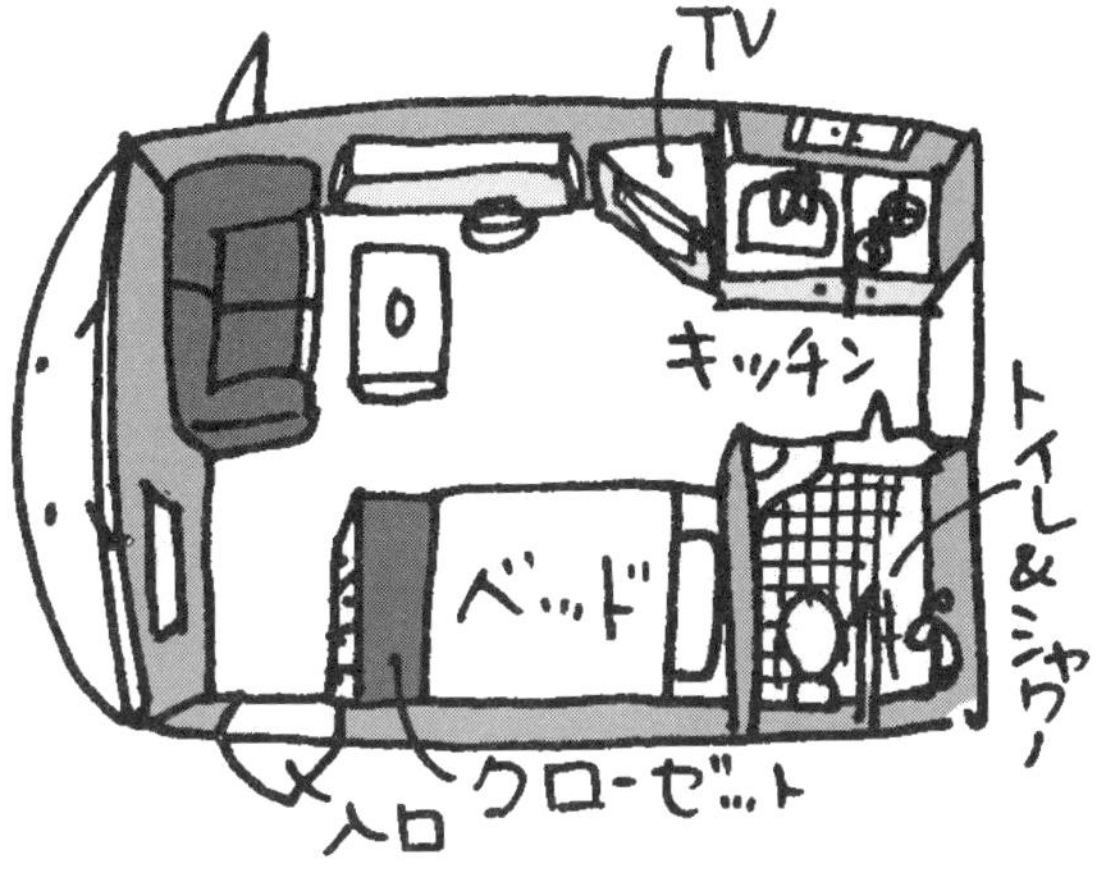

電（ロボット電車の略）を支給されると、さっそく千葉県の九十九《くじゅうく》里《り》浜《はま》にアパートを借りました。

東京から80㎞も離れているので、家賃は、ロボ電の線路が引き込んである屋根付きの駐車代込みで6万円。海まで歩いて行けるため、毎朝のようにサーフィンを楽しんでから出勤しています。

今朝もたっぷりとサーフィンを楽しんで、海から上がるとアパートの前にサーフボードを立てかけ、ウエットスーツのままロボ電に駆け込みました。

杉太がシャワーを浴びている間

に、ロボ電は東京に向けて自動的に動き出します。体を拭きながら、冷蔵庫を開け野菜ジュースを飲み、ワイシャツに着替えて、簡単な朝食をとっていると、ロボ電はもう大網《おおあみ》駅を通過しました。杉太は急いでパソコンに向かいます。

実は、今朝までに主任に提出する報告書がまだできていないのです。

昨夜のうちに仕上げるつもりだったのですが、大学時代の友人と久しぶりに会い、話がはずんで夜中まで飲んでしまったのでした。昨夜はケータイ電話で、ロボ電を六本木の地下ホームに呼び出して乗り込み、ソファに倒れ込んだところまでしか記憶がありません。

朝起きてすぐにやろうと思ったのですが、外を見ると、あまりにいい波が来ていたので、ついついサーフィンに出かけてしまったのが原因です。

ロボット電車は順調に走っており、もう千葉駅を通過中。この様子なら、あと1時間ほどで、新宿に着くはず……。

「ヤバイ」

ビールやサーフィンの誘惑に負けた自分の心の弱さを嘆きながら、必死にパソコンに向かう杉太でした。

＊　＊　＊

ところで、新入社員で杉太のようにマイ・ロボ電を持っている人は、そう多くありません。スモールタイプでも、新車なら500万円ぐらい、中古車でも300万円はするからです。さらには燃料（水素）チャージ代が月1万円ぐらい、ロボット電車所有料という税金が2年のロボ電車検ごとに10万円弱かかります。

それでは、新人ビジネスマンのみなさんはどうしているのでしょうか。

この時代、すべての鉄道にはロボット電車が走っており、列車の交通量の多い路線は、駅も線路も2階建てになってい

て、普通の電車の上にロボット電車が走っています。

マイ・ロボ電を所有している人には、その自宅まで線路が敷かれていますし、マイ・ロボ電を買えない人でも、駅に行けば、レンタル用のロボ電を利用することができます。郊外の小さな駅なら、ホームからすぐにロボット電車に乗れますし、都会でもロボット電車専用ホームに上がれば、レンタル用ロボ電がたくさん止まっていて、通勤・通学タイプのロボ電（トイレとソファ付き）は、普通運賃プラス５００円ぐらいで利用できるのです。

といっても、往復で一日１０００円の出費は新入社員にとってはきついものです。そのため、普段は普通の電車を使い、終電に間に合わなかったときや（ロボ電は24時間利用できる）、二日酔いで、どうしても座っていきたいときなど、そしてもちろんデートなど特別なときに利用しているようです。

よしっ
ギリギリセーフ完成!!
ポン
ストッ
消去
白
ひー
まちがえたっ
ロボ～!!
ククッ
いや…それは
私の力では
とはいえ
めいっぱい
サポートします!!

ハッピー加速度がこんなにUP！

——元バレリーナ・白鳥姫子の場合

白鳥姫子は来月、結婚します。今日は東京まで、夫となる川《かわ》胡《こ》公人《きみひと》とウエディングドレスを選びに行く予定になっています。もうすぐ公人のロボット電車が迎えに来るのです。姫子は出かける準備をしながら、この30年間の出来事を思い出していました。

小2のときに見た、モーリス・ベジャール・バレエ団の「バレエ・フォー・ライフ」に感動して、バレエを習い始めたのは、今

から22年前のことです。その頃は名古屋市内から１００㎞ほど離れた浜松に住んでいたのですが、バレエ教室の稽古場付きロボット電車が名古屋から迎えに来てくれたおかげで、何不自由なくバレエを習うことができました。

やがて夢が叶ってバレリーナになり、脂が乗り始めた25歳のとき、姫子を悪夢が襲いました。舞台から転落して大腿骨《だいたいこつ》骨折という大怪我をしてしまったのです。

大好きなバレエを奪われたばかりか、「これからずっと、歩くには杖が必要だ」とお医者さんに言われて、悲しみに暮れていたとき、姫子を励まし、リハビリをしてくれたのは、浜松から１２０㎞も離れた伊豆の温泉治療リハビリセンターの東郷先生でした。温泉治療器の付いたロボット電車が毎日迎えに来てくれて、半年で、杖を使わずに歩けるようになったのです。

「私も人々のためにリハビリの技術を学びたい」と思って鍼灸《しんきゅう》専門学校に通ったのは、27歳からの2年間でした。この専門学校は自宅から２００㎞も離れた長野県の松本にあって、通うのに2時間近くかかったのですが、やはりロボット電車のおかげで、なんとか通い通せたのでした。

そして卒業後、鍼灸院で働いているときに、患者として訪れた公人と知り合い、プロポーズされたのです。

ロボット電車のおかげで、昔なら通えないような遠い所にも通うことができ、さらに、すばらしい人にもたくさん出会えました。

ひと昔前の日本では、結婚しない人や、結婚しても子供を産まない人が増え、人口が減り始めた時期もあったようです。

当時の人たちは、通勤ラッシュで疲れた上に、仕事にエネルギーを注ぎすぎて、結婚相手と知り合う時間もデートする時間も取れなかったといいます。バレエひとすじだった姫子には、その気持ちがよくわかります。

でも、この時代はロボット電車が普及し、通勤にエネルギーと時間を取られなくなりました。そのため、仕事が終わってから専門学校などで新たに勉強する人や、スポーツや音楽など自分の好きな活動に打ち込む人が増え、さまざまな出会いの機会が増えているのです。

先日のニュースでも、結婚する人が増え、少子化に歯止めがかかり、数十年ぶりに出生率が2%台を回復したと報道されていました。

公人のロボット電車が到着した音が聞こえます。姫子は、とびっきりの笑顔で迎えました。

＊　＊　＊

現代の若い女性は、本当に大変だと思います。企業はコスト削減のため、ぎりぎりの人数で現場を回しているので、昔は２〜３人でやっていたことを１人でこなさなくてはならないからです。

私の知り合いにも、朝は早朝出勤、夜は午前様で働いている女性が何人もいます。早く帰ってデートができるように仕事を手伝ってあげたいくらいですが、こちらも自分の抱えている仕事で精いっぱいで、どうしようもありません。

でも、ロボット電車があれば大丈夫。どんなに仕事が遅くなっても、彼に会いに行けるのです！

長距離通勤・通学でも一家だんらんOK

――女子高生・浅間ひかりの場合

「あと15分ほどで高崎分岐点です。車両をお移りください」

という案内のアナウンスで目を覚ました浅間ひかりが、カーテンを開けると、ロボット電車は、とっくに軽井沢駅を通過して、碓氷《うすい》トンネルを抜け、ちょうど安中榛名《あんなかはるな》駅を通過しているところでした。

ひかりは急いで顔を洗い、制服に着替えると、隣の車両に移動しました。

「パパ、おはよう」

「ああ、おはよう」

父の新《あらた》は新聞から顔を上げて返事をすると、母の幹《みき》が差し出したお茶碗を受け取って食べ始めます。

「おはよう、ひかりちゃん。忘れ物はない？」

母の問いかけに「うん、大丈夫」と答えて、壁にある「ロボット電車車両切り離し『ＯＫ』」のボタンを押しました。

ひかりは自分でご飯をよそうと、父の隣に座ってテレビを見ながら食べ始めます。

壁には古い掛け時計があり、その隣には祖母の仏壇があります。仏壇には、たぶん母が置いたのであろうご飯がお供えしてあります。母は台所で、ひかりと父のお弁当をつくっています。部屋の外を見ないかぎり、ここがロボット電車の車内で、現在、時速２６０㎞で走っているとは誰も気づかないでしょう。

ロボット電車は切り換えポイントに入った様子で、窓の向こうでは、さっきまでひかりが乗っていたロボット電車がカーブしながら、ロボ電駐車場へと走っていく様子が見られます。

浅間家は長野市街から少し離れた所にある古い農家です。５年前に祖父が倒れ、車イス生活になったので、長男である、ひかりの父・新が農家を継ぐため、東京から家族で戻ってきたのです。ただ、ちょうどひかりが中高一貫の女子校に合格したばかりだったのと、両親とも仕事を継続するため、３両編成のロボット電車を購入し、こうやって家族で長距離通勤・通学をしているわけです。

浅間家のロボット電車は、高速運転可能の最新式タイプなので、自宅前から朝６時に自動的に出発すると、長野からは旧新幹線軌道に入り、最高速度２６０㎞で走行して、２時間ほどで東京に到着します（この時代には、

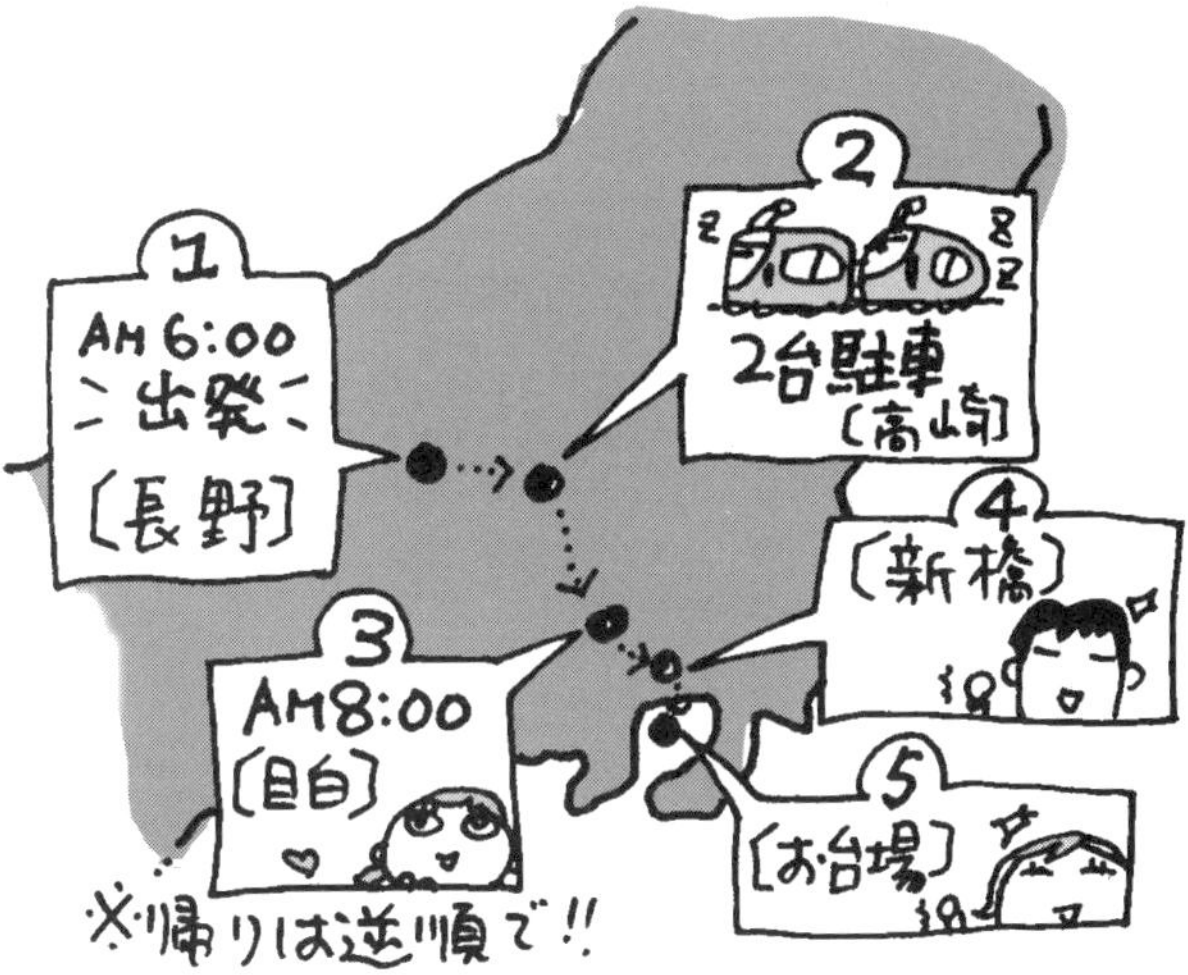

最大16両編成の大量輸送型新幹線は姿を消し、小型のロボット電車がラッシュ時には1秒間隔で流れるように走っている)。

もちろん3両編成のまま東京まで行ってもいいのですが、都心では駐車料金が高いため、両親の部屋とひかりの部屋は、駐車料金の安い、高崎駅近くの巨大駐車場に置いておき、このリビング車両のみで、都内に入るのです。

「ひかり、早く食べなさい。もう赤羽駅を通過したぞ」

父の言葉で外を見ると、ロボット電車は、少し速度を落としながら、在来線の上につくられた軌道に移るところでした。ロボット電車はフリーゲージトレインなので、線路の幅が違っても、特に問題なく走れるのです。

日本の鉄道のレール幅は大きく分けると二つあります。一つは狭軌《きょうき》といって、１０６７㎜のレール幅で、ＪＲの在来線や関東地方の私鉄で多く使われています。もう一つは標準軌といって、１４３５㎜のレール幅で、新幹線や関西地方の私鉄で多く使われています。

ロボット電車を走らせるときに、統一しようという声もあがったのですが、線路をつくり替えるのはコストがかかることもあり、走る線路に合わせて車輪の幅を調節するフリーゲージシステムが採用されたのです。

ひかりは、みそ汁を飲み込むと、母と兼用の化粧台に向かい、急いで髪をとかし始めました。

ロボット電車は、山手線の上につくられた専用レールを目白駅に向かって順調に走っています。

「ひかり、帰りはいつものように7時に新宿駅ね。遅れそうなら、ちゃんと連絡してよ」

母の言葉に頷《うなず》きます。

ロボット電車は目白に停車後、新橋で父を降ろし、お台場で母を降ろすと、埋め立て地につくられた巨大駐車場で水や水素を補充されて待機します。夕方になり、帰りの時間になると再び自動的に動き出し、朝と逆の順で家族を拾っていくのです。

ひかりは放課後、新宿でダンスレッスンを受けているので、目白ではなく、新宿に迎えに来てもらっていました。

両親の残業がはじめからわかっているときは、朝、高崎で分岐せずに3両で来るし、途中で残業がわかったときは、誰かのロボット電車を高崎から呼び寄せるのです。

目白にある学校の校門前につくられたロボット電車専用ホームに、ひかりたちのロボット電車が到着します。

「行ってきます」と言いながら、ひかりは元気にロボット電車を降りました。ヒューマノイド型（人間型）ロボットの守衛さんにあいさつをして、校門をくぐると、前を歩く友達の、のぞみを見つけます。

「のぞみ、おはよう」

そう言いながら駆け寄るひかりの向こうで、ロボット電車は、次の目的地である父の職場へと動き始めるのでした。

＊　＊　＊

このひかりの父親のように、地方から都会に出てきている人は、両親が年をとって動けなくなったらどうしようと、不安になることはありませんか？私も実家は大阪で（田舎ではないと思いますが）、今も両親が二人っきりで小さなガラス屋を営んでいます。何かあったら、東京で一緒に暮らすことも考えたのですが、東京のうどんのつゆは真っ黒なので、たぶんあの人たちには食べられないだろうし、どうしたものかと悩んでいます。

でも、ロボット電車があれば、そんな問題も無理なく解決できるわけです。

あっママ？今日残業～
高崎にロボ電（シャワー付）一台残して行って～
残業？
シャー
スピー
ZZZ
……ってこともあります
PM11:00

仕事と子育てを余裕で両立

——シングルマザー・安間良美の場合

箱根の芦ノ湖湖畔にたたずむカナダ風コテージの前に、深い緑色をした、ヨーロッパのオリエンタル急行を模したロボット電車が止まっています。

「こんにちは」

クライアントの求美《ぐび》夫人が安間良美《あんまよしみ》のロボット電車に乗り込んできたのは、予約時間より5分遅れの12時5分でした。

「いらっしゃいませ。3時に銀座ですよね」

求美夫人のコートを預かりながら良美が言うと、「それが、予定変更で、2時に表参道に行きたいんだけど、間に合うか

しら」という答えです。

良美はロボット電車のナビに目的地変更を打ち込み、到着時間を確認しました。

「到着時間は問題ありませんが、エステに使える時間が2時間弱しかないので、今日は短縮コースでよろしいですか」

「ええ、じゃあ、それでお願いするわ」

バスローブに着替えた求美夫人が答えました。

良美のロボット電車は移動店舗型エステサロンで、このタイプのロボット電車は、ほかにも美容室や歯科医院など、たくさんのバリエーションがあります。

こうしたタイプのロボット電車は値段も高額で、エステサロン車両の場合、3000万円を下らないため、良美はエステ会社から車両をリースして開業しているのです。

良美は3年前に離婚したときに、結婚前に勤めていたエステ業界に復帰しました。最近は育児支援制度も充実してきており、5歳の子持ちの良美のような場合、保育園のロボット電車が朝夕の子供の送り迎えをしてくれるのです。

良美のエステサロン型ロボ電は、仙石原《せんごくはら》を抜け、御殿場《ごてんば》に向かって、急な坂を、リニアモーターブースターの支援を受けながら順調に登っています。このリニアモーターブースターは、急勾配《こうばい》用のモーターとサスペンションで、昔ならアプト式と呼ばれる歯車の付いた特別な電車でないと無理な急勾配でも、車体を水平に保ったまま上り下りできる優れものです。

そのため、箱根のような急な坂道を走行中でも、車内では特に問題なく、横になってフェイスマッサージができるのです。

乙女峠のトンネルを抜けると、さっきまでの霧がうそのように晴れています。求美夫人は気持ちよさそうに、良美のマッサージを受けています。

良美は栃木県宇都宮の実家から、このロボット電車エステサロンを使って、北は仙台から南は名古屋あたりまで、出張エステを行っています。これだけ出張しても、ロボット電車のおかげで、夕方6時には家に帰ることができ、息子の容《ひろし》と夕飯を一緒に食べてお風呂に入れるのですから、ありがたいかぎりです。
将来は、このロボット電車サロンを買い取りたいと頑張っています。

＊　＊　＊

このように、たとえ離婚してシングルマザーとなっても、ロボット電車があれば大丈夫。女手ひとつで、仕事も子育ても両立が可能となるのです。

ブラボーな老後！釣り、ボランティア、孫……

――定年退職した友有治適夫妻の場合

5年前に会社を定年退職した友有治適《ともありはるまさ》夫妻は、ロボット電車で、全国の老人ホームや障害者の施設の、改装や修繕のボランティアをして回っています。

先月は、1カ月かけて、新潟の小学校の使わなくなった温水プールの施設を富山にある老人ホームに移設する作業を、ボランティア仲間10人で行いました。

治適は、もともと工務店に勤めていたので、設計から建築、内装、水回りなど、すべてに精通しており、

工事代金も、食事代と材料費ぐらいしかもらわない主義です。しかも、材料も、古材の使い回しをアイデアでカバーしているので非常に安くて、デザインもよいため、全国の施設からさまざまな依頼がひっきりなしに届くのです。ただ、体力が衰えてきているので、ボランティアは週4日にセーブしています。残り3日は、趣味の釣りや、妻の愛子と一緒にゴルフに出かける日々です。

妻も、現役時代は介護の仕事をしていたので、今でも、行く先々の施設で、介護ボランティアを喜んで引き受けています。

2人の息子も結婚し、長男は大阪に、次男は東京にいるので、たまに近くを通るときは、孫の顔を見に寄っていきます。

今月は、北海道の障害者の施設から、サンルーフ付きのウッドデッキをつくる依頼を請け負っています。予算は「できるだけ少なく」と依頼されているので、那須の別荘兼資材置き場で、使えそうな材料を物色していく予定です。設計は、現役時代から使っているロボット電車の設計室で行っています。

友有夫妻のロボット電車はなんと4両編成で、しかも外枠には昔の箱根登山鉄道の車体を使っています。設計室車両以外にリビング車両、絵画が趣味である妻のアトリエ車両、そして、車やキャンプ用具を積んだ車両を連結しています。

「よし、あとは那須に着いてからだな」

アウトラインの図面を引くと、治適は隣のリビング車両に移りました。

そこでは、妻が孫たちと、立体体験型RPGゲームをやっていました。先日、東京の次男の家に顔を出したところ、夏休みなので、「おじいちゃんたちとカブトムシを捕るんだ」と乗り込んできたのです。治適は孫たちの邪魔にならないようにソファの横を通り、ウイスキーをグラスに注ぎ、つまみのピーナツを取ると、最後尾の車両に向かいました。

そこには、買い出しや渓流釣りに行くときに使う、4WD車、オフロードバイク、マウンテンバイクなどを置いていて、動くガレージ倉庫のようになっています。

治適はウイスキーをひと口飲むと、今日届いたばかりの新しい荷物を解き始めました。中から、折りたたみ式の2人乗りのカヤックとパドルが出てき

ました。
北海道では、作業の合間に、妻と一緒に釧路湿原のカヌー下りに挑戦する予定です。
治適は説明書を片手に、楽しそうにカヤックを組み立て始めました。

＊　＊　＊

ちなみに、私は少年時代からキャンプが好きで、家族ができたら、絶対にキャンプに行こうと思っていたのですが、妻はエアコンのない生活は考えられないそうで、また、子供はテレビとゲームがない生活は考えられないそうで、いまだに、我が家はキャンプに行けません。

ロボット電車があれば、毎週キャンプ

に行けるのに……。この物語には、少し私の願望が入っています。ロボ電は、私のような家族持ちのキャンプ好きにとって、大きな味方となってくれるに違いありません。

特殊な!? ライフスタイルをとことん追求
——引きこもり青年・兄馬拓男の場合

ロボット電車が、桟橋に着くためスピードを落とすと、兄馬拓男《あにめたくお》は、上着を脱いで海に飛び込み、宮崎アニメ『紅《くれない》の豚』のフィヨのように湾内を泳ぎ始めました。

この無人島を買ったのは2年前で、現在も拓男以外に

人は住んでいないのですが、一応、海パンをはいて泳ぎました。星の砂の浜に上がると、案の定、松本零士アニメ『銀河鉄道999』のメーテルそっくりのロボットが、着替えを持ってきてくれていました。自分でつくったメーテルロボットに「ありがとう」とお礼を言うと、拓男は恥ずかしそうに背を向けて着替えるのでした。

拓男は、小学校4年生のとき、病気で母を亡くし、だんだんと家にいることが多くなり、気がつくと「引きこもり」になっていました。

フィギュアをつくるのが好きで、美人だった母に似せた等身大のフィギュアロボットをつくったこともありました。

昔のアニメを見てつくった作品群に驚いた父が、そのうちの一つを勝手にコンクールに出展すると、最優秀賞に輝き、それから注文が殺到し、いつの間にか、フィギュアロボット・アーティストの第一人者になってしまったのです。

30歳になった今も、人と接するのは苦手で、社会との接触はネットで済ませています。この島が売りに出されているのを知ったのもネットだったし、入り江を『紅の豚』の主人公の隠れ家のように改装するのも、ネットで指示してロボットに作業させせました。

ロボット電車はどんどん進歩し、4年前に、海上を走るための双胴船用のアダプターが開発され、その1年後には、沖縄航路や小笠原諸島航路が開設されたのです。

拓男が購入した島は、沖縄航路の途中の奄美大島から、さらに離れた島で、海上ロボット電車ができるまでは、まさに孤島でした。

ビーチチェアに横たわってボーッとしていると、傍らの電話が鳴りました。海地《うみじ》伊奈《いな》からです。

20年近くも引きこもりで、人間の女性はどうしても苦手なのですが、2年前に拓男の担当になった、大手ロボット会社ヒューマノイドデザイン部の伊奈とだけは、不思議と、つっかえずに話せるのです。

「えっ！　ちょっと待って。困るよ」

拓男は飛び上がりました。伊奈が、沖縄出張の帰りに、拓男の島に寄りたいと言ってきたのです（この島には、父親ですら、上陸させたことはないのに……）。

ジュースを運んできてくれたメーテルが、止まって待ってくれています。

「うん、わかったよ。少しだけだよ。じゃあ、あとで」

どうやら伊奈に押し切られたようです。

「メーテル、どうしよう」

メーテルは何も答えず、ジュースを置くと戻っていきました。

拓男はケータイのボタンを押しました。

「おやじ、どうしよう……」

2時間後、父親のアドバイスで、メーテルロボットの代わりに車掌さんロボットを従え、きちんと服を着て、桟橋にたたずむ拓男がいました。遠くに伊奈の海上ロボット電車が見えてきます。緊張しながら、ぎこちない笑顔で手を振る拓男でした。

どうですか？　すばらしいでしょう。ロボット電車は、「人と接するのが苦手。できればずうっと一人でいたい！」という、やや特殊なニーズにまでも応えてしまう優れものなのです。

＊　　＊　　＊

私自身、知人から、「おまえのところは、奥さんも優しそうだし、子供も素直そうで、理想的な家庭だな」と言われていても、何だか息苦しく感じ、ときどき一人になりたいと思うことがあります。こんな私は変なのでしょうか？　でも、同じように、家庭の中で何となく居場所がないように感じているお父さんは、少なくないのではないでしょうか。

もし、ロボット電車がある時代に生まれていたら、私はきっと、この拓男君のようになっていたでしょう。この物語は、ひそかな私の理想の生活スタイルなのです。

こんな生き方をしてみたいあなた、ロボット電車で、さあ、夢実現への第一歩を踏み出してみませんか？

CREATION PROCESS

2

クルマじゃダメ！　な理由

――地球に優しいロボ電社会

ところでロボット電車って何？

さて、1章を読まれて、どのような感想をお持ちになったでしょうか。私の思い描いている近未来社会は、まさしく、このような風景なのです。どうでしょう、想像しただけでワクワクしてきませんか？

次に、この2章では、ロボット電車をよりわかってもらうために、ちょっとした豆知識をお教えしましょう。

そもそも「ロボット」とは、「労働」という意味を持っていて、チェコのカレル・チャペックが戯曲『ＲＵＲ（ロッ

サム万能ロボット会社)』で使った言葉であり、命令どおり働く人造人間のようなものを指していました。

最もイメージしやすいのは、『ドラゴンボール』に出てくる人造人間、イケメンの17号、金髪美人でクリリンの妻になってしまう18号、無口だけど、そこらへんの人間よりはるかに心優しい16号、といったところでしょうか。

つまり一般的に言えば、手塚治虫氏の『鉄腕アトム』に代表されるような人間型（ヒューマノイド型）のことを「ロボット」と呼ぶイメージが強いと思います。ちなみに、ドラえもんも「ロボット」として有名ですが、彼は残念ながら〝猫型〟なので、人間型には分類されません。

ただ、現実はそんなに甘くはなく、クリリンに幸福を運んでくれたようなロボットは今のところいないのです。実際に産業界で活躍するロボットの9割は、腕の部分（アーム）だけのロボットです。マジンガーZのロケットパンチのようなものですね。これらのロボットは、基本的には本体は動き回らず、与えられた場所で、溶接したり、ボルトを締めたりする作業を行っています。

人造人間18号とはずいぶんかけ離れた姿ですが、これらは「産業用ロボット」と呼ばれ、世界中で約85万台、そのうち日本国内では約36万台が活躍しています（生産台数では日本製が7割以上を占めています）。

つまり、日本はロボット大国なのですが、メーテルロボットがジュースを運んでくれるわけではないのです。

さて、「ロボット」の定義は結構ややこしく、さまざまなものがありますが、その中で代表的なものに、「感覚器と効果器があり、頭脳で判断して、環境に適応できる行動をとる機械」というものがあります。言ってみれば、耳があり、鼻があり、口があり、のび太君の性格や状況を見抜いて、４次元ポケットから最適の道具を出してくれるドラえもんでしょうか。

また、産業用ロボットの定義で代表的なものに、「自動制御により働くマニピュレーション機能や移動機能を持ち、いろいろな作業がプログラムでき、実行できる機械」というものがあります。要は、「キーン」と言って、超高速でも人間の歩行速度でも移動でき、せんべえ博士のプログラムによってみどり先生とお風呂にも入れちゃう、『Dr.スランプ』アラレちゃんでしょう。

私が提案する「ロボット電車」は、目的地を入力すると、自分でルートを選択し、加速や減速をしながら移動して、お客や荷物を運ぶのですから、「ロボットの定義」にも「産業用ロボットの定義」にも当てはまるので、その意味でロボットと呼んでも大丈夫だろうと判断し、このネーミングにしました。

鉄道はライバル・自動車に勝てるか？

それでは次に、ロボット電車によってさらに進歩すると思われる「鉄道」について見ていきましょう。

１８２５年に世界初の商用鉄道がイギリス北部ストックトン～ダーリントン間で開業すると、鉄道は瞬《またた》く間にヨーロッパ全土に広がりました。新大陸アメリカでも、大陸横断鉄道が何本もつくられ、経済活動のインフラとして、大いに活躍しました。

鉄道は、人々の距離感と時間に対する意識を大きく変えました。また、機関車やレールをつくる製鉄業や機械工業の発達を促しました。さらには貨物輸送が盛んになり、鉄道旅行というレジャーも生み出しました。

日本でも、幕末に遣米使節団の一行が、サンフランシスコからワシントンなどを鉄道で回り、その便利さに驚いて、帰国後すぐに、製鉄所や造船所の建設と並び、「鉄道建設」について幕府に提案しました。

やがて明治政府になり、明治5年（1872年）に、新橋～横浜間に日本初の鉄道が開通したのです。当時は横浜まで、早馬などを使わなければ日帰りは不可能でしたが、この鉄道開通により、日帰りが可能になったのです（今では片道たったの27分です）。その後も鉄道は近代化の象徴とされ、全国に建設されていきました。

「我田引水《がでんいんすい》」ならぬ「我田引鉄」といって、町の発展のために、鉄道のルートを変更するように働きかける政治家もいたそうです。

こうして、それまで自分の足でしか移動できなかった我々庶民に、自由に移動できる夢を与えてくれた鉄道は、一気に交通のスターの階段を駆け上がっていったのです！　しかし、諸行は無常、変転は世の常。これまた、ヨーロッパに「自動車」というライバルが現れるのです（そもそも、実は自動車の方が歴史が古く、その起源はなんと紀元前20世紀のヒッタイトが使用した「チャリオット」にまでさかのぼるといいます。そして時を経て、1769年にフランスで蒸気自動車が発明されると、どんどん改良が進み、現在のガソリン式の自動車にまで進化するのです)。

初めの頃は、町工場で〝ベンツ君〟や〝ロールズさん&ロイスさん〟が手づくりでつくって、貴族のおもちゃとして買ってもらっていた自動車でしたが、アメリカで〝フォード氏〟が大量生産することによって、庶民の移動手段としての地位を確立していきます。

とくに、アメリカの「フリーウエー」やドイツの「アウトバーン」といった高速道路の発達により、長距離でも比較的楽に、そして速く移動できるようになると、それに従って自動車の優位性はますます高まり、逆に鉄道はどんどんスターの座を奪われていきました。

たしかに、列車の到着時間に合わせて駅に向かい、大きな荷物を持って列車に乗り込み、目的地近くの駅で降りて、また荷物を持って移動する鉄道より、家の前の車のトランクに荷物を詰め込み、自分の都合に合わせて出発し、目的地までドア・ツー・ドアで移動できる自動車のほうが便利です。

その結果、街は自動車であふれ、鉄道は次々に廃止されていきました。このままでは将来、鉄道は「地下鉄」しか残らないのではないかというところまで追い詰められていきました。現にニューヨークはほとんどそうなっています。

日本でも、昭和37年（1962年）に首都高速道路、京橋〜羽田間が開通したのを手始めに、名神・東名高速道路などが次々に開通し、それに合わせるように自動車が普及していきました。

逆に、それまで庶民の足として活躍していた路面電車は、自動車の邪魔だとして、次々に姿を消していきました。

ただ、日本の場合はアメリカのように自動車一辺倒にはならず（道路の整備が追いつかなかったこともありますが）、首都圏や関西圏を中心に毎日6200万人もの人々が鉄道を利用し、通勤用の新線や複々線化などの線路の増設が行われています。

もし鉄道がなかったら、例えば東京の中心をぐるっと一周している「山手

線」がなかったら、どうなるでしょう。

山手線は、ピーク時には1時間に約10万人もの乗客を運んでいます。これをバス輸送に替えるとすると、数珠つなぎにバスを走らせても、さばききれないでしょう。

今の日本社会にとって鉄道は、電気や水道と並ぶ重要なインフラと考えられます。しかし、大きな流れとしては、鉄道から自動車へと移動手段が移ってきていると言えるでしょう。

新幹線は鉄道の救世主だった!?

そのように、旅客鉄道は世界的に見ても完全に斜陽産業と思われ、ライバルの自動車によってノックアウト寸前まで追い詰められていました。

ところが、そんな鉄道の世界に、救世主のように現れたのが、日本の「新幹線」でした。

以前、NHKテレビの「プロジェクトX」という番組でも取り上げていましたが、太平洋戦争中に航空機の設計をしていた技術者たちが集まり、最高時速250kmで走り、東京～大阪間を3時間で結ぶ「夢の超特急」という壮大なビジョンを掲げ、でき上がったのが新幹線でした。

その成功により、ヨーロッパでも鉄道が見直され、それ以後、フランスが1981年に、パリ～リヨン間にフランス版新幹線TGVを完成させました。

ドイツも１９９１年に、ハノーバー～ビュルツブルク間にＩＣＥを走らせました。その他の国々でも、続々と高速鉄道が生まれたのです。

　それでは、もし新幹線がつくられていなかったら、例えば「東海道新幹線」がなかったら、どうなっていたでしょう。

　東海道新幹線は、１時間に１万３０００人以上の乗客を運んでいます。これを飛行機で振り替え

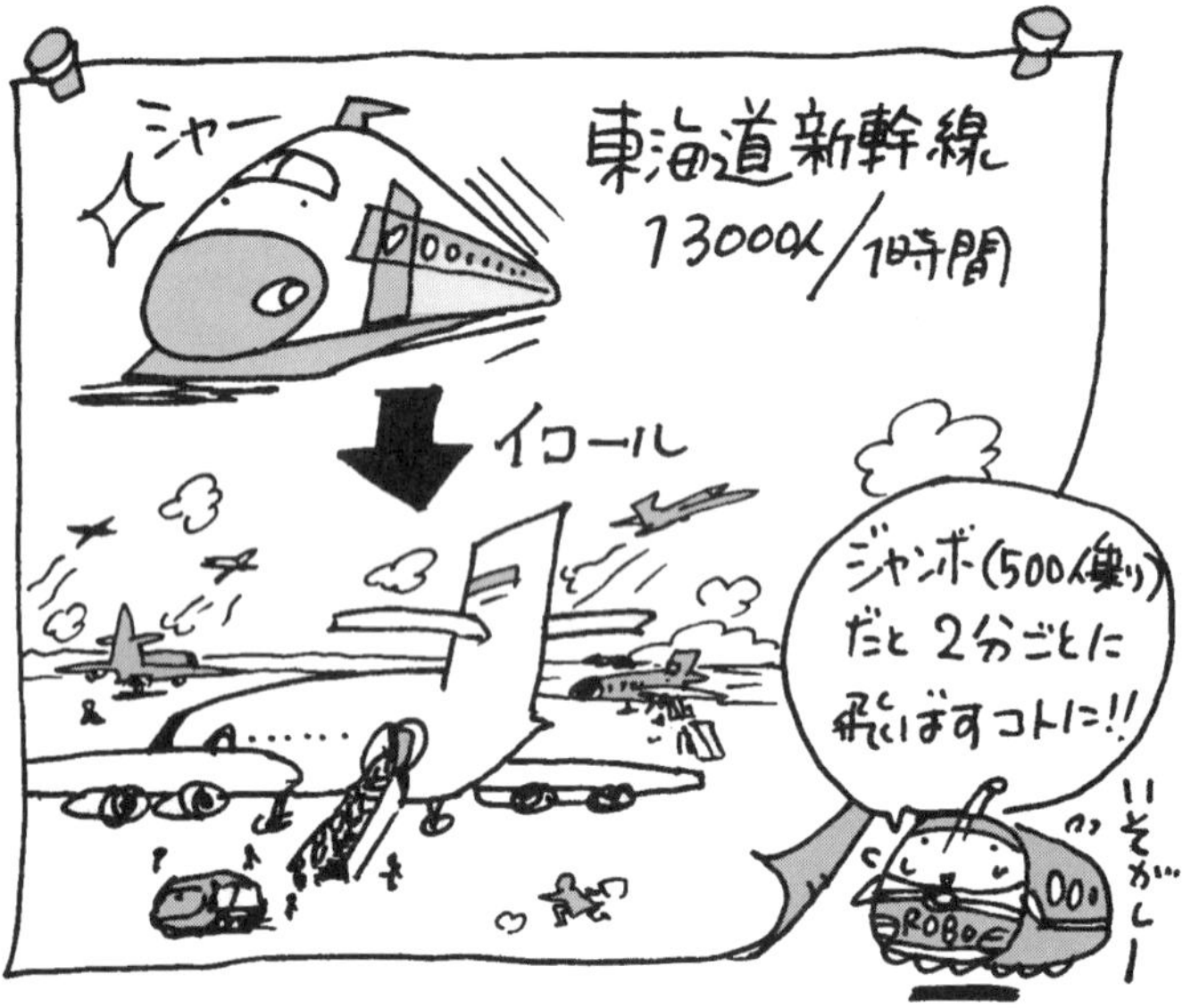
東海道新幹線
13000人/1時間
シャー
イコール
ジャンボ(500人乗り)だと 2分ごとに 飛ばすコトに!!
いそがしー
ROBO

るとすると、５００人乗りのジャンボジェット機を２分おきに飛ばさなくては、さばききれないでしょう。

つまり、新幹線がなかったら、日本の都市間の移動はこれほど活発には行えず、経済的損失はとても大きかったと考えられます。

しかし一方で、一度手にした、自動車によるドア・ツー・ドアの移動の魅力は捨てがたく、高速道路の建設も要望され、現在も着々と高速道路が延伸されています。

さらに、モータリゼーションが進む中、ローカル線は乗客減から赤字がふくらみ、次々と廃止されているのが現状です。この20年間で、約１５００km分の鉄道が廃止されたそうです。

そういった意味では、「都市間輸送」に関しては新幹線が救世主的役割を果たしたと言えますが、地方での移動手段は、今では自動車が主流ですので、運転できない人たちにとっては、いまだ解決策が出ていないのではないでしょうか。

つまり、ボクシングにたとえると、ノックアウト寸前に「新幹線」というパンチを出して、何とか持ちこたえたものの、次のラウンドでは敗戦濃厚、といった感じでしょうか。

鉄道と自動車のいいとこ取りで新ヒーロー出現

ここで、地方でも都市でも、近距離でも遠距離でも、活躍してくれるヒーローが「ロボット電車」なのです。

鉄道のよいところは、免許がいらず、高齢者や子供、障害者の方でも自由に利用できること。渋滞がないこと。時間に正確に人や資材を運べること。

そして、それを移動させるエネルギー消費量や、二酸化炭素の排出量が少ないことでしょうか。例えば、一人の人を１㎞移動させるのに使うエネルギーは、自動車の６分の１、飛行機の４分の１、バスの２分の１。二酸化炭素の排出量は、自動車の10分の１、飛行機の６分の１、バスの４分の１です。

つまり、鉄道は自動車などに比べて地球に優しく、とても省エネルギーだと言えるでしょう。

そのほかにも、利用者が居眠りしていても事故にならないこと、ビールを飲んでも大丈夫なところなども、よい点に入るでしょうか。

逆に、鉄道の不便なところは、先ほど説明したように、利用者側が列車の時間に合わせて駅まで行く必要があり、さらに、混んでいたら座れないなど、とにかく鉄道会社側の都合に合わせなければならないことでしょう。

一方、自動車のよいところは、先ほどから何度か説明したように、ドア・ツー・ドアで移動できることや、必ず座れること、使う人の好きな時間に出発できることでしょうか。

逆に自動車の不便なところは、運転免許が必要なこと、渋滞に巻き込まれたら、目的地にいつ着くかわからないこと、利用者がずっと運転していなければならず、居眠りでもしたら大変なことになることなどでしょう。

その点、ロボット電車なら、鉄道と自動車の両方のよいところをかなりたくさん取り入れることができ、逆に、両方の不便なところを極力減らすことができるのではないでしょうか。

ロボット電車を所有していれば、わざわざ駅まで出かけていく必要はありません。何しろ家の目の前まで線路が敷かれているのですから、起き抜けでも、パジャマにサンダル履きのままロボ電に飛び乗ればいいのです。寝ぼけ眼《まなこ》であくびが止まらなくても、自分で運転するわけではないので支障はありません。何なら、ロボ電内のベッドで二度寝としゃれ込んでもいいでしょう。

途中でトイレに行きたくなっても、車内に清潔なトイレが設置されているのですから心配はいりません。歯磨き、ひげそりなどの身支度もＯＫ。女性なら、もちろんお化粧も、人目をはばかることなく厚塗りし放題です（これは、すでに今の電車でもしている人がいますが……）。

周囲の交通状況に注意を払う必要もなく、思う存分、車窓からの景色を楽しむもよし。ハンドルを握り続ける必要もないですから、やり残した仕事を片づけるなり、ＤＶＤで朝っぱらからロマンチックな恋愛映画に浸るなり、時間の使い方はまさに自由自在。

また、ロボット電車を持っていなくても大丈夫。駅に行けば、レンタルのロボ電に、待たずに乗ることができます。

あちこちの駅で何度も乗り換えて、そのたびに階段を上ったり下りたりする面倒もありません。列に並んでドアが開くや否や空席目がけて突進する、日々のバトルもなしに、必ず座っていけます。夜遅くなっても、終電の時間を気にすることもないし、徹夜あけでも、始発電車が動き始めるのを待つこともありません。

渋滞に巻き込まれて、心身ともに疲労困憊《こんぱい》することもありません。燃料電池車両にすれば、二酸化炭素の排出量もゼロ。エコロジーの観点からも万全です。個人の利益から見ても、社会全体の利益から見ても、まさしくいいことずくめと言っても過言ではないでしょう。

これぞ一石二鳥、いや、むしろ一石∞鳥!!

朝のコレも
ぎゅううう
アレや…
授乳中
ソレも…
一発解決!

クルマ族に優しいアメリカ厳しい日本

アメリカを自動車で走ったことがある人は、そのスケールの大きさに圧倒されたことでしょう。私も20代の頃、ロサンゼルスからニューヨークまで、レンタカーを借りて旅行したことがあるのですが、片側3車線から5車線のフリーウエーがどこまでも続き（しかも「フリー」なのですからもちろん通行料はタダ）、セルフサービスのガソリンスタンドでは、たしか1ℓに換算すると50円ぐらいで給油できた記憶があります。

なんと豊かな国なんだろうと感動したのですが、一方で、車がなければほとんどどこにも行けない不便さも感じました。ニューヨーク市内には24時間運転の地下鉄がありましたが、それでも、少し郊外に出かけようとすると、たいへん不便な思いをしたことを覚えています。

以前、評論家の日下《くさか》公人《きみんど》氏が、「日本の子供のほうが、アメリカの子供より自由度が高い。なぜなら、日本にはお年玉という制度があり、さらに新幹線もあるため、大金を持った子供たちが、名古屋から新幹線を使って秋葉原に自由に買い物に来られるからだ。アメリカは自由というが、お年玉もなく新幹線もない」と言っていました。

しかし、アメリカでは、子供だけでなく大人でも、車がなければ自由度が低くなり、どうにもならないのではないかと思いました。

クルマ社会でクルマ族に優しいアメリカ。その結果、鉄道に関する産業はどんどん衰退していきました。ニューヨークの地下鉄車両も、実は日本からの輸入品が多いといいます。

だから、もし私がアメリカで「ロボット電車をつくろう」と言ったとしても、「そんなものより、ナイト２０００

（1980年代のアメリカのテレビ番組『ナイトライダー』に出てくる、人工知能を搭載した自動車）をつくれ」と言われるか、あるいは「トランスフォーマー（スピルバーグ製作総指揮の映画に出てくる、車などさまざまなメカに変形するロボット）をつくれ」とでも言われるのがオチでしょう。

やっぱり日本は電車だよね!?

それに対し、日本では、高速道路づくりが遅れたこともあり、アメリカのように、網の目のごとく道路を張り巡らせるまでは発達していません。

さらに、首都高速で700円（2007年現在）、旧JH（日本道路公団）の高速道路でも、100㎞ほど走ると3000円近い通行料を取られる上、

道路整備のために税金が上乗せされて、ガソリン代もアメリカの2倍以上と、クルマ族に対して非常に厳しい社会になっています。

そのため、鉄道を利用する人もまだまだたくさんいて、鉄道建設は今なお盛んに行われています。

整備新幹線はもとより、首都圏に限っても、80年代の「京葉線」、90年代の「りんかい線」「地下鉄大江戸線」「地下鉄南北線」、そして2005年には「つくばエクスプレス」などの通勤用路線が次々に開業しています。

車両メーカーも、アメリカのようには消滅せず、お互いに切磋琢磨しながら、新技術をどんどん開発している状況です。

その結果、日本では、自動車も人気がありますが、アメリカのようにクルマ一辺倒ではなく、鉄道もかなり人気があるのです。

したがって、日本にはロボット電車を受け入れる土壌があり、この提案に対しても、それほど抵抗感なく、むしろ積極的に応援してもらえるのではないでしょうか。

ちなみに、ご家庭をお持ちの男性のみなさんは、自宅に自分専用の書斎スペースなどはありますでしょうか？　おそらくイエスと答える方は、ごく一握りなのではないでしょうか。

私は子供の頃、大阪市内に住んでいたので、大阪環状線に乗って（当時は野田～西九条が小児10円でした）、空想にふけりながら2～3周してくることがありました。今も（妻にはないしょですが）、もう少し本を読みたいと思うときは、山手線をぐるっと回って帰ることがあります。つまり、電車を書斎代わりにしているわけです。

こんなことができるのは日本だけでしょう。だから日本から電車をなくしてはいけないのです。いや、むしろすべての町に山手線をつくるべきだと思うのです。

コラム

お金がないからこそロボ電を

私は、学生の頃、リュック一つで中国大陸を旅したことがあります。

上海からシルクロードを西へ向かい、タクラマカン砂漠を越え、カシュガルからは南に向かい、チベットのラサからネパールのカトマンズへ抜ける長い旅でしたが、まだ天安門事件が起こる前で、江沢民《こうたくみん》氏による反日教育政策がとられる以前だったので、日

本人でも安心して町を歩けました。

見るもの聞くものすべてが珍しく、楽しい旅でしたが、汽車の切符を買うのに、兵士が割り込んで列が前に進まず、1日かかったり、屋台で料理を頼んで、少し脇見をしていたら料理がハエだかりになっていたり、硬水が体に合わなくて、おなかを壊したりと、結構、苦労した思い出があります。

成田に戻ってきて、電車の切符を買うためボタンを押すと、わずか1秒で出てきたのに感動したこと、水道の水がおいしくて思わず涙ぐんでしまったことなどを、今でも覚えています。

日本は60年前の太平洋戦争で焼け野原になりました。私が旅した中国大陸以上に貧しく、荒れていたと思います。

その国をここまで立派に立て直すには、どれだけ多くの人の汗と知恵と資金が投入されたのでしょうか。

昭和40年からの統計で見ても、水道、電気、ガス、道路、鉄道など、これだけのインフラを整備するのに、40年間でなんと1京1400兆円ものお金が投入されたそうです。

建築物はやがて寿命が来るので建て替えなければなりませんが、メンテナンスだけでも毎年何十兆円もかかり、建て替え費用を含めると、やがては国家予算すべてをつぎ込まなくてはならなくなります。

ロボット電車が普及すれば、このお金をかなり節約できるでしょう。

例えば、隅田川には現在約40本もの橋（鉄道橋も含む）が架かっています。徒歩や自転車なら、近いほうが便利なので、これぐらいの本数は必要でしょうが、みんながロボット電車で移動するようになれば、少しぐらい遠回りでも気にならなくなるでしょうから、3分の1の十数本ほどに減らしても大丈夫だと思います。

同じように、並行して走る道路やトンネル、多目的ホール、地方空港など、老朽化したものを上手に統合して減らしていけば、維持費が安くなり、将来の国民の負担も減るでしょう。

少子高齢化社会になり、現役世代の負担がますます大きくなり、税収が減って国家予算のやりくりが大変になる時代にこそ、ロボット電車を普及させて、社会資本を合理化していくべきだと思います。

多目的ホールも
橋も
空港も
道路も
ロボ電の普及で減る
維持費がうく
税金が安く!!
ほんまでっか…
軽くプレッシャー
○×税
○×税
税
税

時代は変わる！プリウスより断然すごいロボット電車へ

トヨタ自動車が開発した、エンジンとモーターを組み合わせた「プリウス」というハイブリッドカーが、アメリカや日本で人気を呼んでいます。

これは、一つには、燃費が普通の車の2倍以上もよく、ガソリン代が半分で済むので経済的にも優れ、現在のガソリン高にマッチしているからでしょうが、それだけでなく、二酸化炭素の排出の少ない、地球に優しい車を持つことが、ステータスの一種になっているからかもしれません。

この先に来るクルマは当然、先述の「ナイト2000」か「トランスフォーマー」のような「全自動運転型のクルマ」であり、さらに、燃料電池などを使った「二酸化炭素排出量ゼロのクルマ」でしょう。

クルマの自動運転に関しては、政府が音頭をとって高度道路交通システム（ＩＴＳ）の開発をしていて、その中で、高速道路での自動走行の研究が進められています。実際に多くの企業が、バスや乗用車を自動運転で連ねて走らせる実験に成功しています。

しかし、全自動運転型の技術は、まだまだハードルが高いのです。特に日本の一般道路では、歩道のない道もたくさんあり、歩行者や自転車などの急な横断、飛び出しなどがあって、いくらセンサーを張り巡らしても、それらによる事故を防ぐには限界があると思われます。

例えば、万が一、急に飛び出してきた歩行者と自動運転中の車がぶつかったとすると、誰が罰せられるのでしょうか。とても難しい問題だと思いませんか？

歩行者にぶつかりそうになるとエアバッグが包み込むなど、そうとうな技術的ブレークスルーがなければ、実現は難しいでしょう。そうなると、現在の技術で実現が可能なのは、歩行者のいない高速道路や自動車専用道路など、歩行者や自転車の通らない道での自動運転までだと思われます。

それでも、高速道路に入ったら自動運転モードにして、食事をしたり、少し居眠りしたりできるので、現在より、だいぶよくなると思いますが、ビールは飲めないし、その後、一般道に出れば渋滞が待っていると思うと、喜びも半減してしまいます。

そこで、自動車では歩行者や自転車に対する安全性の問題解決が難しいなら、鉄道や船など、別の乗り物でうまくいかないかと考えるわけです。

２００５年の愛知万博では、自分で考えて速度を調節しながら走る自動運転バスが運行されました。何台ものバスが隊列を組んで、専用道路を自動運転で走行したのです。これなどは、まさにロボット電車のひな型と言えるでしょう。

ロボット電車なら、線路の上を走るのですから歩行者はいません。車両も大きいので、燃料電池もうまく搭載できそうです。全自動運転型の自動車より、楽に開発できるのではないでしょうか。

コラム

地球温暖化と食糧問題を同時解決

2006年にアメリカで発表された地球温暖化のシミュレーションは、たいへんショッキングなものでした。ご存じの方も多いと思いますが、このままのペースで二酸化炭素の排出が続けば、2040年には北極の氷がすべて溶けてなくなるのだそうです。その影響でアイスランドやグリーンランドなどの氷も溶け出し、その結果、海面が3~5m上昇するため、太平洋上の島国は消滅し、日本の海岸線もかなり浸食されてしまうというのです。

これをくい止めるには、現在、石油系燃料で動いている乗り物を、燃料電池などで動く乗り物に替えていかなければなりません。

例えば、山梨県にあるリニア実験線の続きを大深度トンネルで建設して東京～大阪間を結び、地上部分もフードで覆って真空トンネルにすれば、時速1000㎞で走れますから、東京～大阪間を約30分で移動できるようになります。それを燃料電池式のリニア式ロボット電車にすれば、現在の東京～大阪間の飛行機は運航の必要がなくなるでしょう。

すでに、屋久島では、水力発電や風力発電で水素をつくり、その水素で車を走らせる実験が行われています。風力発電は不安定なので、一般家庭への電力供給には不向きですが、水素づくりの電源には問題ないでしょう。北海道などに大量の風力発電機を設置して水素をつくるのです。

このようにして、国内の移動はすべて燃料電池式のロボット電車や電気自動車にしてしまえば、日本の年間二酸化炭素排出量13億ｔのうち、輸送部門で排出されている約2・6億ｔが削減されることになります。

将来、この燃料電池式ロボット電車システムが全世界に普及すれば、地球温暖化は解決できるのではないかと思うのです。

さて、もう一つの重要な問題として食糧問題がありますが、まず地球温暖化問題が解決することによって、現在、世界のあちこちで起こっている異常気象が減り、世界中の農作物の生産は安定してくると思います。

問題は水産資源です。最近は、今まであまり魚を食べなかった国の人々も、世界的な寿司ブームによって魚を食べるようになってきています。特にアメリカは、昔はあれだけ、日本人のことを生魚を食べる民族だと軽蔑していたのに、寿司ブームのおかげで一大消費国になりました。

このままでは、回転寿司は1皿1000円ぐらいに値上がりして、我々庶民には手の届かない存在になってしまいかねません。

これをくい止めるには、魚の養殖をすることです。

昔は、海は広大なので、魚なんてどこでも育つように考えられていましたが、最近の研究レポートでは、ミネラルが豊富な海域の、太陽光が届く海面下10mぐらいのところで植物性プランクトンが育ち、それを食べる動物性プランクトンが育ち、そして小魚、中魚、大魚と食物連鎖が続いて魚が育っていくことがわかってきました。

ところが、陸地の埋め立てなどにより、ミネラルが豊富な海域が少なくなり、食物連鎖の最初の植物性プランクトンが少なくなっているそうです。

しかし、そのレポートによると、深海水にはミネラルが豊富に含まれていて、この深海水をうまく海面に汲み上げられれば、太陽光と相まって、植物性プランクトンが育つはずだと報告されていました。

つまり、深海水を汲み上げるシステムをつくってやれば、魚が育つ海域になり、魚が増えるということです。

幸いにも、日本は周囲を海に囲まれていて、膨大な200海里水域があります。

そこに、燃料電池式の深海水汲み上げポ

ンプ付き海上用ロボット電車を浮かべて、広大な海洋牧場をつくるのです。育った魚の捕獲および運搬も、海上用ロボット電車で行います。

また、密漁などの監視もロボット電車で行うようにしてはどうでしょうか。

このシステムも全世界に広げていけば、世界的な水産資源の枯渇問題も解決できるでしょう。

だからロボット電車をつくれるのは日本だけ!!

それにしても、日本人の、新しいものを生み出そうとする努力と姿勢、今あるものを少しでも改善しようとする精神には頭が下がります。

今や「改善」という言葉は「ＫＡＩＺＥＮ」として、そのまま外国でも通じるそうです。

鉄道に関してみても、20年ぐらい前の私の高校時代には、クーラーが付いていない電車がまだ結構走っていて、駅で待っていて冷房車が来ると、「ラッキー、今日はツイてる」と思っていました。しかし、今や都会では全車両にエアコンが付いているのは当たり前で、山手線には広告用の液晶テレビまで付いています。

また、最近の鉄道車両に関するニュースを拾ってみても、東京～大阪間を時速５００㎞、１時間30分で結ぶ構想のリニアモーターカーの開発はもとより、３６０㎞運転を目指す、ＪＲ東日本の次世代新幹線開発、架線設備のいらない燃料電池ハイブリッド車両開発、バスと鉄道のいいとこ取りを目指し、レールと道路の両方を走れる、ＪＲ北海道のデュアル・モード・ビークル（ＤＭＶ）開発など、驚くようなものばかりです。

それ以外にも、すでに述べた愛知万博での自動運転バスもあります。

これらの技術をベースにロボット電車の開発に取り組めば、必ず完成できると思います。

世界を見渡しても、自動車と鉄道の開発がバランスよく進んでいる国は日本だけではないでしょうか。

アメリカは自動車一辺倒だし、ドイツ、フランスは、自動車と鉄道産業はありますが、エレクトロニクスの分野が弱く、燃料電池の素材に関しては日本の独壇場になっています。それらの国々では、ロボット電車の開発は難しいと言えるでしょう。

技術は一度失うと、復活させるのに大変な努力が必要です。ところが、日本では昔から「ものづくりの精神」が尊ばれ、途切

れるどころか改善されて、営々と次世代に受け継がれてきました。

例えば、A社がある製品を開発し、商品化して成功すると、B社はその製品よりさらによいものをつくり、C社はさらによい製品を開発する……。このように、「これで完成」ということはなく、延々と改善されていくのです。

個人でも同じで、「柔道」「剣道」「茶道」「華道」と、何でも「道」と称し、毎日コツコツ練習して、80歳を過ぎても「まだまだ私は道を究めていません。これからも努力・精進していきます」と言う人がたくさんいる国です。

このような精神を持っている人々の国ですから、必ずロボット電車を完成できるでしょう。というより、常に改善を目指す日本人がいて、その日本人たちの集まりである「日本国」でないと、ロボット電車はつくれない気がするのですが、どうでしょうか。

コラム

古代出雲の国から続く豊かな技術力

ここで、日本人の「ものづくり」に対する考え方を見てみましょう。ゼロ戦や戦艦大和、新幹線、リニアモーターカーと、次々に時代を牽引するものをつくり上げてきた日本の技術力は、いったいどこから来ているのでしょうか。それを探ってみたいと思います。

今でこそ、鉄づくりは、オーストラリアなどから鉄鉱石を輸入し、高炉で溶かしてつくりますが、古代の日本、特に山陰の出雲の国では、「たたら製法」といって、川などから砂鉄を集めて製鉄していました。

この方法は木を大量に燃やします。1tの鉄をつくるのに、山2つ分の森を燃やさなければなりません。そのため、もともとは中国で開発された製法でしたが、気象条件の厳しい中国大陸や朝鮮半島では、一度木を切るとハゲ山になり、砂漠化してしまい、製鉄もできなくなって廃《すた》れてしまいました。

しかし、温暖で雨もよく降る出雲の国では、木を切ってもすぐに森が復元するので、この技術は廃れることなく、明治になって、石炭を使った高炉による製鉄技術が西洋から伝わるまで保たれていました。

今でも、世界のカミソリメーカーでつくられる刃の65%は、この出雲の鋼《はがね》を使っているそうです。

さて、この古代出雲の国の「たたら製鉄」技術でつくられた鍬《くわ》や斧《おの》のおかげで、広大な土地が水田へと開拓されて豊かさを生み、それがもとになり、やがて飛鳥の地に「天平文化」が、京都に「平安文化」が花開いていくのです。

戦国時代にあれほど刀や鉄砲をつくれたのも、もとは、出雲の国の大量の鉄があったからだと言っても間違いではないでしょう。また、法隆寺や東大寺の大仏殿も、戦国時代の巨大な城も、精度のよいノミ、ノコギリ、カンナなどの大工道具がなければ、つくれなかっただろうと考えられます。

ちなみに、ハゲ山になってしまった朝鮮半島では、鉄器はつくれなくなり、木製の農機具を使ったため、農業の生産性が上がらなかったそうです。

古代出雲の時代より蓄積されてきた豊かさと、脈々と継承されてきた技術力、そして、それを扱う人々を「匠《たくみ》」と称して尊敬してきた日本人の、ものづくりに対する真摯な心。それらが１４００年以上にわたって受け継がれ、現在の日本の技術力につながっていると考えられるのではないでしょうか。

明治時代に、岩倉具視《いわくらともみ》を中心に当時の指導者が海外視察に行ったときも、最初は欧米の技術力に圧倒されはしましたが、文化的には対等で、50年もあれば追いつけると考えたようです。

実際に当時、世界一強いと言われたロシアの極東艦隊やバルチック艦隊を日本海海戦で壊滅させたのは、それから40年後のことでした。太平洋戦争でも、最後はアメリカの物量作戦に負けましたが、航空母艦を中心に世界初の機動部隊をつくり、太平洋を股にかけて艦載機を飛ばし合って戦うという、3年に及ぶ大戦争ができたのは、古代出雲の国からの豊かさの蓄積と技術力の蓄積があったからではないでしょうか。

終戦後、焼け野原になり、ＧＨＱ（連合国軍総司令部）によって、しばらく航空機をはじめとする重工業をいっさい禁止されたにもかかわらず、20年もしたら、再び技術大国として復活し、アメリカに次ぐ経済大国になったことは、まさに奇跡と言われます。

しかし、古代出雲の時代からの歴史を考えると「さもありなん」といった気がするのは、私だけではないと思います。

ところで、最近は、韓国のサムスン電子の製品やアメリカのアップルのｉＰｏｄなどが好調です。それに比べて日本企業は駄目だと言う人がいますが、本当にそうでしょうか。

ｉＰｏｄの部品のほとんどは日本製ですし、サムスンの半導体や液晶の製造装置から素材まで、ほとんど日本のメーカーか

らの納入です。

最近は中国が世界の工場となり、日本の時代は終わったように言う人もいますが、私はそうなるとは思いません。

なぜなら、素材開発には、気の遠くなるような時間と努力が必要だからです。例えば、液晶の研究開発には約30年、太陽電池には約40年かかっているそうです。

3カ月ごとに報告書を出して、投資家の利益確保をしなければならない外国企業には真似できない仕事でしょう。

それに対して、日本は1400年前から技術立国で、その技術力の継続性には目を見張るものがあります。例えば大阪には、奈良時代に四天王寺や法隆寺の建設に参加した「金剛組」という建設会社が、いまだに残っているぐらいですから……。

古代より、豊かさと技術力が蓄積され続けた日本でなければ、ロボット電車のような乗り物はつくれないだろうと思います。

ROBO

CREATION PROCESS 3

ほんとに本気ですよ！

——ロボ電開発大作戦

ロボ電倶楽部を立ち上げよう

それでは、いよいよロボット電車をつくっていきましょう。みなさん、のこぎりとかなづちを用意してください。冗談です(笑)。まず、「ロボット電車倶楽部」(以下、ロボ電倶楽部)という団体をつくりましょう。

このロボ電倶楽部の入会資格は「志」です。「ロボット電車をつくるぞ」という気概がなく、生半可な気持ちであっては、このロボット電車はつくれないと思うので

す。

私の憧れる幕末の志士たちは、日本中合わせても３０００人もいなかったのですが、それでも彼らの力によって時代は大きく変わりました。彼らがなぜそれほどのことを成し遂げられたのかというと、そこには、一人ひとりの熱い志があったからだと思うのです。

ただし、このロボ電倶楽部に入っても、幕末の志士たちのように命を狙われることはありませんので（頭がおかしいと思われることはあるかもしれませんが……）、安心して友達も誘って入会しましょう。

そして、みんなの志を一つにして仕事をしていくには、「理念」がとても大切です。

そもそも、私がロボット電車をつくりたいと考えるようになったのは、教師として、知的障害者が通う特別支援学校に勤務していたときでした。その子たちと遠足に行くために電車に乗ったとき、奇声を発したり、激しく体を揺らす彼らの姿を迷惑がられ、白い目で見られました。そこで、「みんながもっと自由に気軽に移動できるものがあればいいのに……」と思ったのです。

かつて、鉄道や自動車が開発され、人の移動が飛躍的に速くなり、生活が便利になりました。それでも今なお、地方の人や、お年寄りや小さい子供、また、障害を持つ人にとっては充分とは言えないでしょう。しかしロボット電車ができれば、すべての人が科学技術の利便性を享受できるし、日々の生活が、新しい、より密度の濃いものに変わるのです。

したがって、このロボ電倶楽部の理念は、ずばり「すべての人に便利な社会と豊かな人生を提供する」です。

ホームページを開設しよう

活動の手始めに、まずはホームページを立ち上げて全国から会員を集めま

しょう。一般の人が見られる無料のページをつくり、さらに、冷やかしを避け、まじめに応援してくれる人を募るために、会費を払ってくれた人だけがログインして入れるページをつくります。

会員ページでは、ホンダの会議室のように「ワイガヤ文化」を取り入れて、さまざまな意見が飛び交いながら、ロボット電車の実現に向けて議論できる活動場所にしましょう。

そして、車両開発チームや運行プログラム開発チームなどをつくって、各自、好きなところに入ってもらい、ロボット電車の設計図やプログラムをつくっていくのです。例えば、かつて「リナックス」というＯＳが、ネット上で大勢の人によって改良されていったのと同じ要領です。

また、Ｊリーグのサポーター制度のようなものもつくりましょう。これは、「開発は手伝えないけど、応援はするよ」という人たちの集まるところです。サポーター会費は、小学生でもお小遣いで入れるように、月々１００円ぐらいにしましょう。

サポーター用のページでは、ロボット電車の詳しい説明や、開発者たちへの質問コーナー、学生向け進路相談コーナーや、ロボット電車ができるとどのような社会になっていくかなどを語りましょう。

さらに、ロボット電車のデザインコンテストなどを開いて、ロボット電車のアイデアを募っていくのもよいでしょう。

とにかく、次の世代を担う子供たちにロボット電車の存在をアピールすることと、冷やかしではなく、本気で今の交通事情を改善したいと思っている人々に協力を呼びかけることが目的です。

最初はアキバでプラレール？

次に、ロボ電倶楽部の設置場所です。六本木ヒルズか渋谷と言いたいところですが、お金もないことですし、ひとまずアキバ（秋葉原）の近くで探そうと思っています。

といっても、最近できた秋葉原駅前のきれいなクロスフィールドのビルの一角ではなく、廃校になった小学校などを東京都や区がベンチャー企業向けに安く貸してくれる物件を探すのです（交通博物館跡地を貸してもらえれば、成功した暁《あかつき》には、そのままロボ電博物館になるのですが……妄想暴走）。

なぜアキバの近くなのかというと、電子部品がすぐに手に入りやすそうなことと、東大をはじめ多くの研究機関が近くにあるからです（それに、1章に登場した兄馬拓男《あにめたくお》君がメーテルロボットをつくるまでもなく、メイドさんがジュースを運んでくれますし……またまた妄想暴走)。

そして、最初の実験材料はプラレールにしようと考えています(と言うと、オタクっぽくて、少し引く人が出るかもしれませんが……)。

実験材料のプラレールは、我が家に転がっている、子供たちの使い古しのプラレールを使うというのはどうでしょうか? もちろん無料で提供します。これをロボット電車化して、実験してみましょう。

わからないことがあれば、プラレールを自転車のかごに入れて近くの研究機関に聞きに行けそうです。

最初の開発予算は、家賃100万円ぐらい(敷金・礼金込み)、パソコン・電子部品50万円ぐらい(アキバで掘り出し物を探す)、プラレール0円、自転車0円(我が家のお古でよければ)などで、月々の運営費が家賃・光熱費込みで40万円といったところだと思います。

なお、研究に参加してくださるロボ電倶楽部のみなさんの日給、交通費、食事代は含まれていません(最初はボランティアということでお願いします。お泊まりになる場合は寝袋持参で……)。

これらの予算を、何とかロボ電倶楽部のホームページから集めて運営していきましょう。ちょっと大変な感じがしますが、高校や大学時代の部活やサークルの合宿を思い出すと、意外と楽しいかもしれませんよ。

シミュレーションから始めよう

製造コストを削減して、いわゆる〝死の谷〟を乗り越えるための強力な助っ人が、コンピュータの発達によるシミュレーション技術です。

例えば、東京工業大学で２００６年より稼動が開始されたＴＳＵＢＡＭＥ（つばめ）など、日本国内だけでも、いくつものスーパーコンピュータが存在します。

このようなコンピュータを使うと、以前は１分の１スケールモデルをつくって確認していたようなことが、画面上で確認できて、しかも衝突実験や振動実験もできるようになってきました。

開発予算の少ないロボ電倶楽部では、このようなコンピュータによるシミュレーションをたくさんやりましょう。計算しなければならないことは、山のようにあります。

車両設計だけでなく、運転状況もシミュレーションしていきましょう。

例えば、現在の日本の鉄道でいちばん運転本数が多いと言われる「山手線」でさえ、2分30秒間隔の運転ですが、平均1~2人乗りのロボット電車で、こんなに運転間隔が開くと困ります。2章で述べた高速道路の自動運転車の実験のように、もっと短い間隔で走らせるには、どうすればよいでしょうか。

あるいは、現在の日本の鉄道利用者6200万人のうちの10％と、自動車通勤の10％とトラック輸送の50％がロボット電車に移った場合、どれぐらいの台数が必要なのか。そのとき、都心部などでの路線は何本増設が必要なのか。日本の全駅にロボット電車の乗り場が設置された場合、人の流れはどうなるか。などなど、さまざまなシミュレーションが必要になってくるでしょう。

もちろんロボット電車本体のデザインも、ＣＧを使って細部までつくり込みましょう。

多くの人にアピールするための原寸大の模型を、東京や大阪などの主要都市に展示するとよいと思うのですが、その作業以外は、ひたすらコンピュータを使ったシミュレーションが中心の日々が、しばらく続くかもしれません。

ちょっと地味でツライ作業ですが、ここは「大志」を実現する前の忍耐と割り切って、ひたすらガンバリ続けましょう。

まずは進取の気性に富んだ自動車王国・中部でスタート

明治23年（１８９０年）のこと。東京の上野で開かれた博覧会の展示物の前で、朝から晩まで模写する少年を憲兵が注意したところ、「ここには、外国人の発明品ばかりで、日本人の発明品が一つもない。日本人として悔しい。俺はここの展示物以上の発明をしようと頑張っているのに、出ていけとは何事か」と言い返した――。自動織機の発明家、豊田佐吉の幼年時代のエピソードはあまりにも有名です。

その父の思いを引き継ぎ、国産自動車の開発と量産に一生を捧げた、息子の豊田喜一郎氏の夢、信念、情熱のすばらしさ……。

また同じく、一代で世界のホンダをつくり上げた本田宗一郎氏が、ピストンリングの開発のため、30歳を過ぎて大学に通った話など、ものづくりに執念を燃やす起業家が、なぜか不思議と中部地方には多いです（スズキやヤマハもありましたね）。

彼ら先人の起業家から学ぶべきことはたくさんありますが、やはり、あの「執念」、成功するまでやり続けるという「気概」、これは絶対に押さえておかなければなりません。

特に、「ロボット電車」という、海のものとも山のものともわからない乗り物を開発しようというのですから、オートバイや自動車づくりに信念を持って打ち込んだ、中部地方出身の起業家たちの精神を、ぜひとも取り入れましょう。

「やっぱり無理かも……」と思ったり、「これは不可能だ」といった弱気の虫が出てきたときには、トヨタ博物館や浜松（ホンダの創業地）を訪ねてみるのです。きっとエネルギーやバイタリティーをもらえて、気力が満ちてくることでしょう。その精神にあやかるのです。

そこで、思い切って、ロボット電車の工場をわざわざ中部地方につくってみてもいいかもしれません。

テストプラントおよび最初の量産システムの構築は、中部の土地がピッタリではないでしょうか。何しろ、世界のトヨタを生み出した土地柄です。

さらに、聞くところによると、この自動車王国・中部は、同時に〝自動車天国〟でもあるのだそうです。「100メートル道路」と言われるような、片側三車線、四車線の道路も当たり前。しかも、首都高などからすると夢のような直線道路とくれば、ハンドルを握るみなさんが、多少なりとも暴走ぎみになるのも致し方ないところなのかもしれません。

実際、中部地方は北海道と並んで、交通事故で

亡くなる方が多い地域なのだそうです。

そのように、自動車王国であるがゆえに、逆に自動車の持つマイナス点もまた、よりクローズアップされてくるわけです。

そんな中部であるからこそ、ロボット電車を広く受け入れる素地が大いにあるのではないでしょうか。

自動車王国・中部で生まれたロボ電が、やがてトヨタやホンダをも超えて一大成長を遂げ、鉄道王国・日本の象徴として世に君臨していく――。そのような逆説的な姿が、実は非常に現実的な、ありうべきものなのではないかと思うのですが、いかがでしょう。

もっと言えば、この中部地方は、ときに、「関東でもなく、関西でもない。どっちつかずで中途半端」などと評され、揶揄《やゆ》されることすらあります。しかし、その実、関東と関西のいいところをどんどん取り入れ、独自の文化を花開かせてきたのが中部なのです。新しいものをすぐに吸収して生かそうとする進取の気性に富んでいることから、他の地域には見られない、さまざまなユニークでおもしろいものが生まれています。

きしめん、しかり。みそカツ、しかり。ういろう、しかり。

その流れを受けて、ロボ電、しかり、ということになるのは、ごく自然な成り行きのようにも思えてきませんか?

ロボ電の普及で赤字ローカル線もみるみる黒字

2章でも少し述べましたが、地方では鉄道離れが起こり、ローカル線はどこも赤字で、ここ20年間で廃線になった路線は1500㎞にも及びます。

人口減少社会に突入したこれからは、大量輸送を得意とした鉄道事業はさらに厳しくなっていくでしょう。このままでは、新幹線と都市部の鉄道以外は消滅してしまうかもしれません。

そうなると、何度か説明したように、車を運転できない高齢者や子供たち、そして障害者の方々は、移動手段がなくなってしまいます。

だからこそ、ロボット電車を使って、まずは赤字ローカル線の立て直しから始めましょう。

ローカル線に乗るときにいちばん困るのは、列車の本数が少ないことです。1本乗り遅れると、30分や1時間待ちということもよくあります。また、駅と駅の間が長い路線が多く、この辺りで降りたいなと思っていても降りられず、「最寄り駅」なのに目的地から徒歩30分、なんてこともあります。

そこで、各駅にあらかじめロボット電車を置いておき、待たずに乗れるようにします。また、駅ももっとたくさん増やし、自宅から駅までの距離をできるだけ短くするのです。さらに、車内に自転車や原付も持ち込めるようにすれば、利用者の増加も見込めるでしょう。

イメージとしては、スキー場などにある、ゴンドラが駅に5～6台並んでいる感じでしょうか。利用したいときは、上り線と下り線のどちらか、行きたい方向の先頭のロボット電車に電子マネー付き携帯電話をかざします。すると、ドアが開き、車内に入れます。次に、目的の駅のボタンを押します。あとは自動的にノンストップで目的地まで運んでくれるのです。

グループで乗っても楽しめるように、函館〜青森間を走る「海峡」号のようなカラオケ付きのロボット電車があってもよいでしょう。

ロボットなので、燃料が少なくなったり、清掃が必要なときは、自動的に車両基地まで戻ってくるようにプログラムを組んでおきます。車両基地も極力自動化し、清掃作業や補給作業はすべて作業ロボットが行い、最後の

点検チェックのみ人間が行うといった感じでしょうか。そうすると、回送するための人件費も節約でき、整備点検コストも削減できます。

例えば、熊本県〜鹿児島県を走る「肥薩《ひさつ》おれんじ鉄道」で考えてみましょう。「肥薩おれんじ鉄道」は営業キロ117㎞、職員数90人、年間輸送人員180万人で、営業収入が約8億8400万円、営業費用が約9億6000万円、つまり年間7600万円の赤字ローカル鉄道です。

これをロボット電車に置き換えると、どうなるでしょう。まず、職員のうちの運転手約40人分の人件費が1億6000万円以上削減できます。さらに、駅を無人にして増やすことにより、家から近くなり、しかも待たずに乗れるようになるので、乗客は10％はアップすると考えられます。

つまり、営業収入が10％（8840万円）アップし、それに加えて人件費が1億6000万円削減されるのですから、差し引き1億7240万円の黒字経営になるでしょう。

このような調子で、赤字ローカル線を次々に引き受けて黒字転換させ、実績を積んでいきましょう。

出でよ！平成の小林一三

ローカル線での営業を通してノウハウを蓄積したら、いよいよ人口密度の高い都市部へ進出しましょう。まずは、ミーハーで、新しいものをおもしろがる気質のある関西への進出がよいのではないかと思います。

私は生まれは大阪で、高校卒業まで関西で過ごしたので、関西の人の気質はよくわかります。関西人は新しいもの好きで、アイデアマンです。戦後生まれた50の新商売のうち、「宅配便」と「シンクタンク」以外はほとんど関西から出てきたと言ってもいいほど、さまざまなアイデアを実現させています。

例えば、「プロジェクトX」でも取り上げられていましたが、関西で生まれたものは、「液晶」「魚群探知機」「カップラーメン」「自動改札機」など、よくまあ、こんなアイデアを思いつき実現させたものだな、と思う製品のオンパレードです。

中部のオートバイや自動車産業の出発が、外国製品の国産化や改良だったのに比べると、関西の発明品は、まさにゼロからの出発といった感じです。

そもそも、現代の私鉄のビジネスモデルも、戦前に阪急電鉄（当時の箕面《みのお》有馬《ありま》電軌）社長の小林一三《いちぞう》氏がつくり出したものです。

小林氏は、まず新駅をいくつかつくり、その駅の周りの土地を購入し、その土地に分譲住宅を建てて売り出しました。住宅を買った人は、毎日、阪急電車を使って通勤してくれます。さらに、都心のターミナル駅に阪急デパートをつくり、郊外には宝塚遊園地をつくりました。そうして、平日だけでなく休日の利用者も増やしたのです。

小林一三氏の編み出した、このビジネスモデルが、その後、多くの私鉄で採用されました。

そんな気質の関西ですから、現在、ＪＲ西日本と熾烈《しれつ》な乗客獲得競争にある、関西の私鉄の社長さんに売り込みましょう。殺し文句は「社長、あなたこそ平成の小林一三になるべきです」ではどうでしょう。

　具体的には、現在の線路上に線路をつくり、2層構造にします。料金は、普通乗車券プラス500円ぐらいでしょうか。ターゲットは、家族連れ、高齢者、二日酔いで座っていきたい会社員などです。

　また、高級住宅街で知られる芦屋に支線を引き、自宅から直接「ロボット電車」に乗れるシステムもつくりましょう。「ロボット電車」の個人所有制度も確立させていくの

です。芦屋の邸宅からロボット電車に乗ると、梅田や心斎橋まで移動できるようにするわけです。

関西の人は、口は悪いのですが、本当はそれが愛情の表れであり、お店やその商品を気にかけて言っていることが多いのです。

例えば食べ物屋を始めた人の話では、ハッキリと「まずい。おまえんとこ、こんな味でよう商売やってんなー。もっと勉強せんかい」と叱って帰りながら、しばらくするとまたやってきて、「おお、前より、うもうなっとる。やればできるやんか」と言ってくれるお客さんがいるそうです。

ロボット電車も関西でたくさん走らせて、さまざまな意見を言ってもらいましょう。そして、そのつど改善策を考え、改良していけばいいのです。

関西で3年ぐらいもまれれば、かなり完成度の高いロボット電車のシステムができるでしょう。中部で開発して、関西で育ててもらうのです。ボコボコに叩かれて、ロボ電をタフにしておきましょう。

コラム

そして世界一厳しい東京へ

20年前に初めて東京に出てきて、駅で立ち食いうどんを食べ、真っ黒なつゆの中にうどんが沈んでいるのを見たときのカルチャーショックは、衝撃的で、今でも覚えています。

「うまかったー。おっちゃん、いくら？」「100万円や」というノリはまったくなく（そもそも先に自販機で食券を買うので、しゃべる必要はないですし）、無言で食べて無言で出ていく人、人、人……に、東京のすごさを感じました。それでいて、うわさは口コミであっという間に広がるので、うそは通用しません。本当に誠実に対応しないと、東京では成功しないでしょう。

東京で、もう一つ気づいたのは、権力や権威に弱いことです。大阪だと、お上がこう言っているといっても、「それがなんぼのもんじゃい」と平気な人が多いのですが（何でもお金に換算するのも、すごい文化ですが……）、

紀香さんもロボ電をお使いとか?

東京では、政府はこう言っているとか、マスコミではこう言っているとか、大学教授がこう言ったというと、納得してくれることが多い気がします。

ロボ電では、そこをうまく使いましょう。例えば皇室や、国会議員や省庁の役人や、マスコミ、芸能人に、無料でレンタルして使ってもらうのです。そして、「天皇陛下もお使いになっています」とか、「女優の○○さんも愛用なさっています」なんてPRするのはどうでしょう。

水上ロボット電車で全国津々浦々へ

日本の首都・東京で成功すれば、全国展開はスムーズにいくでしょう。東京や大阪から、ロボット電車の走る路線が、クモの巣が張り巡らされるように広がっていくと思います。

そこで、次に考えなくてはならないのがルートの問題です。ロボット電車が普及すると、今の鉄道網だけではルートが不足してくるでしょう。

例えば、東京～大阪間の場合、現在は東海道新幹線と東海道線の2ルートがありますが、そこにロボット電車を走らせるだけでは、とても対応しきれなくなるでしょう。

その解決策として考えられるのが、高速道路の転用です。東名高速の利用車両はトラックなど大型車の割合が高いと言われていますが、それがロボット電車に置き換わり、交通量には余裕が出ているはずです。

　そうなれば、東名高速道路か、現在建設中の第２東名高速道路のどちらかにレールを敷いて、ロボット電車を走らせてはどうでしょうか。

　多くの高速道路がロボット電車用に切り換わるかもしれません。

　さらに、関東で言えば、東京湾横断道路の「アクアライン」や関西の「明石大橋」などは、ロボット電車が走るようになるのではないでしょうか。

　みなさんのお孫さんの代になると、

「ねえ、知ってる？　昔、ここは自動車道路で車が走ってたんだよ」

「えっ、こんな長い距離、誰が運転してたの？」

「そりゃ、パパだよ」

「へー、昔のお父さんって大変だったんだね。僕のパパはまだベッドで寝てるよ」

　なんていう会話が聞かれるかもしれません。

　問題は、沖縄や小笠原諸島などの離島です。水陸両用のロボット電車も考えたのですが、船酔いが心配です。

私事ですが、若い頃「海の男」に憧れて、４級船舶免許（２００２年の法律改正により、現在では２級小型船舶操縦士免許に該当）を取りに行ったことがあります。筆記試験のほうは、すんなり合格したのですが、実技試験は苦戦しました。船の操縦はそれほど難しくなかったものの、風が強くて揺れがひどく、途中で気持ちが悪くなってしまったのです。

何とか最後までやり通して合格しましたが、あのときの船酔いの記憶が残り、その後は一度も船に乗っていません（船酔いする船長なんていないでしょう）。

そこで提案ですが、双胴船の上に、飛行機のシミュレーターのような、揺れを

防止する機械を置き、その上にロボット電車を付けてはどうでしょうか。

　双胴船は揺れに強いことで定評がありますし、その上に揺れ防止の機械を置くのですから、これなら3～4mぐらいの波のうねりでも、水平に保つことができると思うのです。

　例えば、陸上を鹿児島湾（東京湾でもOKです）まで来たロボット電車は、桟橋まで行くと自動的に個別の双胴船上にセットされて、海の上を走り出します。そして、GPSでみずからの位置を確認しながら、沖縄や小笠原諸島に向かうのです。

　双胴船は、海運会社が大量に保有してレンタルするようにすれば、海運会社の業績も上がるでしょう。

　そうすれば、船に弱い私のような人間でも、自由に海に出られるようになると思うのです。

　きっと現在、運航しているフェリーのほとんどが、水上ロボット電車に置き換わっていくでしょう。

　また、海上保安庁や海上自衛隊に、監視カメラとミサイルや機関銃を備えた海上ロボット電車を1万隻ほどそろえて、日本の海域を自動運航で巡回警備すれば、密漁や不審船への対策上も、現在より安心できるようになるのではないでしょうか。

＊　＊　＊

ここで、1章で紹介した兄馬拓男君の生活をちょっと見に行きましょう。

彼は、太平洋上にポツンと浮かぶ孤島を手に入れ、いわば〝夢の引きこもりライフ〟を楽しんでいました。毎日一緒にいるメーテルロボットと、ときどき会う伊《い》奈《な》だけの交友関係の生活に満足を覚え、フィギュアづくりもますます順調。それも、ひとえに、この水上ロボット電車のおかげです。

ところが、水上ロボ電がどんどん普及するにつれて、人気絶頂の拓男のもとを訪れたがるファンが、この水上ロボ電で気軽に押しかけるようになってしまいました。さらに、直接会って取引をしたがるロボット会社も出てきます。そればかりか、エネルギー補給や難破船の避難など、緊急の必要があって立ち寄る人もいて、かえって拓男へのアクセスが増えたのです。

こうして、拓男の〝夢の引きこもりライフ〟も残念ながら幕を閉じ、人とコミュニケーションをとらざるをえなくなってしまいました。

結局のところ、ロボット電車は、人と人をつなぎ、コミュニケーションを深めるのに最高の乗り物、というわけなのです。

CREATION PROCESS 4

生活スタイルを一新!

──世界を変える秘密兵器・ロボ電

みんな住所は憧れの「東京都港区」に？

さあ、この４章では、中部で生まれ、関西でたくましくなり、東京で箔《はく》が付いたロボ電が、全国津々浦々に普及したあとの日本の社会を見ていくことにしましょう。

ロボット電車ができれば長距離通勤も苦でなくなることは、１章でも述べましたが、ロボット電車が普及しても、やはり何かと便利で刺激的な都会に住みたいという人は多いと思います。

また、仕事上、住所が都心のほうが都合のいい人たちもいます。以前、広告代理店を経営している知り合いに、私が住んでいる荒川区南千住に引っ越

まあ港区にお住まいなんですね？
名刺
いやぁ〜

すように誘ったら、「名刺にそんな住所が載るとイメージダウンだからいやだ。ナミセン（南千住のこと）に住んでる広告屋なんていないよ」と断られました。

そこで考えられるのが、「ロボット電車マンション」です。

イメージとしては、巨大な立体駐車場、あるいは巨大なジャングルジムといった感じでしょうか。学生や独身者向けなら、ロボット電車が駐車できて、燃料の水素や水が補給できるスペースさえあればよいのですが、もう少し豪華になると、荷物を置いておける3畳ほどのトランクスペースが付いていたり、広いお風呂やリビングなどをいくつか組み合わせたものもできるでしょう。ロボット電車が3～4台は置けるファミリー向けも登場するでしょう。

都心といっても、銀座や丸の内などに建てなくても、晴海やお台場などの工場跡地や倉庫跡地で十分だと思います。なぜなら、歌舞伎座で歌舞伎を見たあと、軽く飲んでも、ロボット電車なら晴海まで10分ほど、お台場でも20分ほどで帰宅でき、メイクを落とす間に着いてしまうからです。もちろん住所は「東京都港区」になります。

また、現在のようにマンションを自体を購入するのではなく、ロボット電車やコンテナ型の部屋を購入し、それを置いておくスペースを20～30年といった長期間借りるような感じになるのではないでしょうか。

また、田舎に広大な一軒家を持っていて、都心へ出たときのロボット電車の駐車場として使う人も多いのではないかと考えられます。

スイスイ走れる！毎日がお盆休みの都心のように

高速道路の「常磐道」や「東北道」などを走って、郊外から都心に向かい、そのまま首都高速に入る場合、最初は3車線あった道路が、首都高に入ると2車線になります。さらに、都心環状線に入る前に他の路線と合流しても、2車線のままです（つまり実質1車線になる）。これでは渋滞しないほうがおかしいのであって、案の定、毎日大渋滞しています。

一般道路を含めて、日本全体では渋滞による経済損失が年間12兆円になるそうです。これはGDPの約2・5％になり、もし渋滞を解消できれば、何もしなくても12兆円ものGDPが増えることになります。

一方、鉄道では渋滞はありませんが、あのラッシュによるストレスは大変なものです。ストレスがどれほど仕事能力の低下や病気の原因になり、どのぐらいの利益損失になっているか、確かなデータはありませんが、ラッシュ時でも座っていけるロボット電車を用意すれば、うつ病をはじめ、さまざまなストレス病が治り、かなりの経済効果を期待できると考えられます。

ところで、お正月やお盆休みに都心を車で走ると、スイスイ走れて驚くことはありませんか？　私も、お盆休みの期間に渋谷から銀座まで一般道を走ったことがありますが、普段は渋滞している所がまったく渋滞していなくて、20分ほどで到着し、こんなに近かったのかと驚いた記憶があります。

でも、聞くところによると、渋滞とスムーズに流れているときの車の交通量は、わずか数%しか差はないそうです。

お盆休みに交通量がわずか数%減っただけで、この効果なのですから、ロボット電車が普及して、自動車全体の交通量が減り、さらに運送用トラックがすべてロボット電車に置き換わったとすれば、おそらく、今起こっている日本中のすべての渋滞がなくなると思う

のですが、どうでしょうか。

　そして、毎日がお盆休みやお正月休みの都心のように、スイスイ移動できる日が来るでしょう。

　そうなれば、現在のように片側３車線も４車線もある車道は必要なくなるでしょう。今度は逆に、車道を削減して歩道をもっと広げたり、自転車専用道をつくることも可能になるでしょう。

浜ちゃんの村　スーさんの町

　１章で、長野から東京へ通っている女子高生・浅間ひかりさんの話を書きましたが、ロボット電車なら、都心から３００㎞ぐらい離れた所でも、十分、通勤・通学可能です。

東京を基準に考えると、北は仙台、山形、日本海側では新潟はもちろん富山ぐらいまで、内陸では長野はもちろん北アルプスの麓《ふもと》まで、東海側では名古屋まで入るので、中部地方と関東地方はかなり融合した文化圏になるのではないかと思います（2章で述べたようなリニアロボ電ができれば東京～大阪間は30分で移動できるので、さらに広がりますが）。

そうなると、住宅を選ぶ範囲が飛躍的に広がり、現在供給されている土地の10倍ぐらいが、住宅地として供給可能になるでしょう。そして、広くて豊かな自然に囲まれた土地が、現在の10分の1の値段で購入できるようになるのではないでしょうか。

温泉付き一戸建てなどは当たり前で、「竹やぶ、雑木林の一山売ります。たけのこ掘り、栗拾いできます」とか、「海沿い、プライベートビーチ付きです」なんて物件も出てくるかもしれません。あるいは、1章の引きこもり青年・兄馬拓男《あにめたくお》君のように、無人島を買ってしまうなんてことも可能です。

山が好きな人は、そんな山に住んで、たけのこ掘りをしてから出勤したり、釣りが好きな人は、『釣りバカ日誌』の浜ちゃんのように、海のそばに住んで、朝釣りをしてから出勤するのもＯＫです。札幌の人は、冬場はナイタースキーを楽しめますが、ロボ電ができれば、東京や大阪で仕事をしている人も、湯沢町や白馬町に住んで、ナイタースキーを楽しめるようになるでしょう。同じように、陶芸好きは、信楽《しがらき》町や益子《ましこ》町に住めば陶芸三昧《ざんまい》の生活が楽しめます。

みんな、それぞれが気に入った所に住み始めるでしょう。

そして、やがて趣味や嗜好《しこう》の合う人々が集まり、新たな「ロボ電村」あるいは「ロボ電町」が、あちこちにできてくるのではないでしょうか。

アメリカには、成功してリタイアした人たちが集まっている、経済的に豊かな町があるそうです。その町の入り口にはガードマンがいて、不審者は入れないようになっているのだそうです。日本でも、そのような町が出てくるかもしれません。

浜ちゃんのように釣り好きな人が集まる村。同じく『釣りバカ日誌』に出てくる、鈴木建設社長のスーさんのような人が集まる、お金持ちの町。陶芸好きな人が集まる陶芸村。スキー好きが集まる町。などなど、実にさまざまな村や町ができるでしょう。

あなたは、どの町に住みますか？

「他県より1円でも高ければお知らせください」

「おらが村にも総合病院がほしい」「我が町にも総合ホールがほしい」「あそこに橋を架けてほしい」等々、住民の要望はたくさんありますが、それに予算のほうが追いつかず、財政が悪化して苦労しているのが、現在の地方自治体の姿だと思います。

また、僻地《へきち》を希望するお医者さんの数が少なく、地方の医者不足も深刻な問題です（都会でも、産婦人科や小児科は、医師不足のため診療を休止する病院が増えているそうですが……）。

これらの問題も、ロボット電車が普及すれば、かなり改善できるのではないかと思っています。

　ロボット電車があれば、お年寄りや妊婦さん、障害を持つ方でも、簡単に出かけられるようになります。そうすると、例えば岩手県ぐらいの大きな県であっても、総合病院を盛岡に1つ、救急病院を、大船渡《おおふなと》、一関、釜石、宮古、久慈《くじ》、二戸《にのへ》など、県内に6つぐらい設置すれば、岩手県のどこにいても、30分以内で通えるようになるでしょう。

　もちろん救急ロボ電もつくって、車内でも簡単な手術はできるようにしておき、さらに、緊急時は時速260㎞の最優先で駆けつけるようにすれば、命が助かる確率も高くなるのではないでしょうか。

　また、病院側も、県内全域から患者に通院してもらえるので、小児科に特化した病院、高齢者に特化した病院など、より専門性を高めた高度な治療ができるようになると思います。

　文化ホールや総合体育館なども、同じパターンで効率化することができるでしょう。それぞれのホールが落語の寄席や歌舞伎、バレエなどに特化しても、県内全域からの集客が可能になるので、採算の面でも成り立つでしょうし、隣町との競合も避けられると思います。

逆に、今まで必要とされた橋や道路は、それほど必要なくなるでしょう。

例えば、川の上流、中流、下流に3本の橋が架かっていたとします。今まではなら、その3本の橋を維持するのは当然で、さらに新しい橋を架けるよう要望が出てきたかもしれません。

しかし、みんながロボット電車で移動するようになったなら、多少遠回りでもあまり気にならなくなりますので、維持費がかさむのなら、3本のうち2本は撤去しても、誰も文句を言わなくなるかもしれません。

ゴミ回収も、ロボット電車を使えば自動化できるので、人件費の分、大幅にコスト削減ができます。また、給水車両や下水処理車両などをつくって運用すれば、大規模な上下水道設備も必要なくなるでしょう。

そうすれば、その分の予算や維持費も福祉や教育に回せるようになるはずです。

さらには、住民の流動性が高くなるので、「あの町は無駄な道路や建物をつくっていないから、住民税が安い」とか、「あの町は水道水に富士山のわき水を使っているからおいしい」、あるいは「あの町は温泉を安く給水できる」などの情報がネットで流れ、人気のある町とそうでない町にどんどん分かれていくでしょう。

日経新聞の調査によれば、年代別に見ると40代の子育て中のお父さんのお小遣いがいちばん少ないそうです。我が家もその調査どおりで、ビールはいつも節税ビール（発泡酒）です（本物のビールを飲んだのは半年前の宴会が最後です）。

税金を払うことは社会人とし

て当然の義務ではありますが、給料明細を見るたび、ため息を禁じえない私としては、地方自治体が、もっと税金を下げる努力をしてくれれば、というささやかな願いもなくはありません。ロボ電ができれば、それが現実のものとなってきます。

ある町で住民税の値上げを発表したとたん、一斉に引っ越しが始まり、アッという間に住民がいなくなるような時代になるかもしれません。

自治体も、知恵をしぼり、住民サービスをよくしなければ、生き残れなくなってくるでしょう。「我が町は日本一安い税金で、基本的なサービスを提供する町です。我が町より税金が1円でも安い町があればお知らせください。差額分は勉強させていただきます……」といったＰＲが聞けるようになるかもしれません。

通学圏の拡大で公立の小・中学校も個性豊かに！

現在の義務教育の学校（小・中学校）は、基本的には、徒歩で通える通学圏内の学校に通うのが主流です。ロボット電車が発達すると、この体制が大いに変化していくでしょう。安全に、ストレスなく子供が通える範囲が大きく広がるからです。

例えば、私の住んでいる東京都荒川区で考えるとしましょう。現在、我が家の子供たちは二人とも、歩いて10分ほどの公立小学校に通っています。

もしロボット電車が普及したなら、通学時間30分（頑張れば60分）が考えられます。南千住から電車で30分走るとすると、東京23区内のほぼすべての小学校がカバーできます。つまり、理論的には23区内すべての小学校から、子供に合う学校選びが可能になるわけです。

そうなると、学校側もさまざまな特徴を出さなければ児童・生徒が集まらなくなってくるでしょう。

ちなみに、我が家の上の子は演劇に興味があり、週1回、外苑前までレッスンに通っています。下の子は泳ぐことが好きで、近くのスイミングスクールに通っています。このように、兄弟でも興味・関心がかなり違います。

小学生といえども、もし、演劇に力を入れている学校やスポーツに力を入れている学校があれば、兄弟でも別々の学校に通ってもかまわないと思うのです。

学校側でも、すべての方面に力を注ぐより、何か専門分野に特化したほうがメリットがあるのではないでしょうか。

例えば、演劇に特化するなら、小学校でも本格的な舞台装置やレッスン場をつくり、演劇が得意な先生がたを集められます。そのぶんグラウンドは小さくし、サッカー部や野球部など運動部をなくします。浮いた活動予算で有名な演出家を講師に雇うなど、さらに強い部分を強化するといった方法が考えられます。

逆にスポーツに力を入れる学校は、温水プールやトレーニング室、サッカーや野球の専用グラウンドなどをつくっていくとよいでしょう。

もちろん、小学生では、まだ自分が何が好きで、何に向いているのかわからない児童もたくさんいるでしょうから、現在のようなオーソドックスな小学校も残るでしょう。その一方で、小学校ですでに大

学や専門学校のような設備を誇る、公立の小学校ができてくるわけです。

そうなれば、塾や習い事に、さらなる時間やお金をかけなくてもよくなり、子供たちは時間に余裕ができ、親は家計に余裕ができるでしょう（我が家でも、演劇レッスン代2万円、スイミング代2万円、塾が3万×2で6万円、計10万円の余裕ができます。そのうち2万円が私のお小遣いに戻るとしたら、フフフ、毎日、本物のビールが飲めるかも）。

中学や高校でも、同じことが起こるでしょう。

例えば千葉県の銚子や館山には、外洋にも出られる大型の船を持った専門性の高い水産高校がありますが、少子化と僻地にあることがネックになって生徒が集まらず、存続の危機に立っています。これなども、ロボット電車ができて、関東一円から生徒募集ができるようになれば、新たな展開ができるでしょう。

同じように、飛行機の整備などに特化するなら空港の近くに、船舶なら造船所の近くに、介護福祉なら老人ホームや病院の近くに学校を移転して、さまざまな分野に特化した、専門学校のような小・中・高一貫校ができるかもしれません。

そんなふうに、それぞれ自分の個性を生かして好きなことを中心に勉強できるようになれば、子供たちもおのずと勤勉に学業に打ち込むことになるでしょう。その結果、あちこちの学校で、「勤勉さ」の象徴とも言える二宮尊徳像が復活し始める、なんてことも起きてくるかもしれませんね。

「単身赴任」が死語になる日

　ロボット電車が普及すれば、「今度、札幌に転勤になったので、単身赴任をしなければ駄目だな」といった会話は過去のものになるでしょう。現在でも、北海道から九州までレールはつながっています。その上、海上ロボット電車航路ができれば、一晩で日本中を移動できるようになるでしょう。

　そうなると、交通費が高くつくのではないか、という心配が起きるかもし

れませんが、ロボ電は、本体や燃料にかかる費用を除けば線路の通行料だけを支払えばよい、というシステムを採用するので大丈夫。通行料自体も、燃料電池を使えば架線もいらないし、ロボ電用の駅は無人でもよいので人件費もかかりませんから、かなり安く抑えられるはずです。

東京～大阪などの都市間輸送は、最初はＪＲの独壇場となるでしょうから、あまり料金は下がらないかもしれませんが、旧ＪＨ（日本道路公団）の高速道路にレールが敷かれたり、海上ロボ電航路が開設されれば、料金競争が起こり、徐々に下がっていくのではないでしょうか。将来は、今の東京～大阪間の「のぞみ」の料金の10分の１ぐらいで移動できるようになるでしょう。

例えば、東京に住んでいる家族で、夫婦共働きで子供も都内の小学校に通っているとして、もし夫が札幌に転勤になったら、中間の盛岡あたりに引っ越せばよいのです。小岩井農場の近くにでも家を借りれば、雄大な自然に囲まれて暮らせます。ロボット電車なら、札幌に向かうパパも東京に向かうママと子供も、朝６時ぐらいに出発すれば、余裕で職場や学校に間に合うでしょう。そして、週末は田沢湖でのんびり過ごすなんてことも可能です。

また、人々の移動が楽になると、研究から開発、生産まで、その分野に特化した、産業集積した町が増えてくるでしょう。

今でも、自動車は中部や九州、液晶は関西など、関連企業が集積していますが、これがますます活発になるでしょう。

さらに、物流コストが大幅に下がります。トラックをやめて荷物運搬専用のロボット電車にすれば、ボタン一つで、決められた時間に指示した場所へ荷物が届くのですから……。トヨタの「ジャスト・イン・タイム」を全産業で行うことも可能になってきます。

小売り業や飲食業も、かなり変化するでしょう。

例えば、レストランなどでは、今まではお客のほうからお店に出向いていましたが、ロボット電車自体がレストランになり、注文した料理や飲み物がテーブルの上にセットされたまま、指定の場所にやってくるようになるでしょう。そして、お客が食事を楽しんでいる間に目的地に到着する、タクシーとレストランを兼ね備えた業態になるかもしれません。

洋服や化粧品なども、ネットで予約すれば、各ブランドのお店型ロボット電車が自宅まで来てくれて、そこで、実際に商品を手にとったり試着をしてから、ほしいものを購入できるようになるかもしれません。

宅配便は、ほとんどロボット電車に置き換わって無人化され、食品は、とれたての新鮮なものが産地から直接届くようになるでしょう。

桜前線や紅葉と共に移動する老後の楽しみ

さて、ロボット電車普及時代の定年退職後の生活は、どうなっているのでしょうか。都会にロボット電車マンションができることと、各地に気の合った仲間が住む町や村ができるという話はしました。基本的には、この2つの場所をロボット電車で行き来するようになっていると思うのですが、滞在する田舎の町や村は1つとは限りません。

例えば、夏は涼しい北海道の村に住み、冬は暖かい沖縄に住んで、桜前線や紅葉と共に北と南を行ったり来たりするのはどうでしょう。もちろん、途中の町や村にもグループホームのような施設が整っているでしょうから、春には田植えを手伝い、秋の収穫の頃にまた滞在して新米を堪能するのもよいでしょう。酒好きの人は、冬場だけ造り酒屋に滞在して、指導員のもと、酒造りに励むのもよいでしょう。

自分の好きな場所に田んぼや畑、あるいは、いけすを借りて、米やソバ、あるいは魚や海苔を育てて、マイブランドの農作物をつくる人たちが増えるかもしれません。

そして、ときどき、刺激を求めて東京や大阪のロボット電車マンションに滞在し、都会生活も満喫するのです。

農作業も、除草や害虫駆除などの重労働の作業は、作業用ロボットを使って代行してくれるビジネスがたくさんできていて、年を取っても楽しく作業できるようになっているでしょう。

お酒やお米から魚まで、すべて自分で育てた材料を使っての「自給自足パーティー」なんかが開かれるようになるかもしれません。

「○○倶楽部のみなさまへ、吉野の桜を見ながらパーティーをします。△月□日、吉野のロボ電○○村へ集合。ただし参加者は、材料から自分で育ててつくった料理を一品持ってくること」なんてメールが届くようになるかもしれません。

週末はいつもゴールデンウイーク!?

先ほど、レストラン型のロボット電車が迎えに来てくれる話をしましたが、ディズニーランドなどの遊園地やリゾートホテルも、予約すれば専用のロボット電車が迎えに来てくれるようになるでしょう。

前日の夜に、自宅までミッキーマウスのロボ電が迎えに来てくれて、目が覚めるとディズニーランドに着いていたら、子供たちも大喜びでしょう。

あるいは、金曜の夜にロボット電車が迎えに来て、寝ている間にゴルフ場へ運んでくれて、土曜日は朝から接待ゴルフをし、その後、夜まで商談をしても、再び寝ている間にロボ電が送ってくれれば、日曜日はゆっくり家族サービスができます。

このように、仕事と家庭の両立ができるようになるでしょう。

自分のロボット電車を持っている方なら、冬は「北海道のスキー場」、夏は「沖縄の遠浅のビーチ」など、金曜日の夜までにロボット電車に入力しておけば、ロボ電が夜の間に自動的に移動してくれて、朝、目が覚めると、そこは真っ白なゲレンデ、あるいは真っ青なビーチで、思う存分レジャーを楽しむことができ、日曜日の夜、またロボ電が自動的に自宅に運んでくれるようになるでしょう。

今までのように、レジャー帰りに渋滞に巻き込まれてイライラしたり、運転手は疲れ切って、月曜日も疲れが残ったまま職場に向かうようなことは、遠い昔の話になるでしょう。

そうなると、今まではあまり出かけなかった方々がレジャーに出かけるようになり、レジャー産業ももっと活性化されるのではないでしょうか。

また、帰りの渋滞を気にしなくてもいいのですから、お父さんにとっては、気分的には週末はいつもゴールデンウイークのような感じです。

そして、週末に心も体もリフレッシュされれば、仕事の効率も上がり、日本経済全体にもプラスになるのではないでしょうか。

その時代の人々の移動は、普段の買い物などの短距離は、今までどおり徒歩や自転車やバイク（電気バイク）で、ちょっと遠い買い物などの中距離移動は車（軽自動車で、しかも電気自動車が主流）に、そして長距離がロボット電車や飛行機になっていることが予想されます。

CREATION PROCESS 5

かくして黄金の国ジパングの出現へ

――誰もが才能を発揮できる時代

一人ひとりのニーズに応える社会へ

人の顔は10人いれば10人とも違うように、人の好みも10人いれば10通りあります。ただ、今までは流通コストの関係で、「80対20の法則」、つまり、売れ筋の商品や優良顧客である20％の部分に戦力を絞り込み、80％の成果をあげる方法がとられていました。

ところが、インターネットが普及し、最近は「ロングテール現象」が現れてきました。これは、恐竜のシッポのように長く、今までは「死に筋」と呼ばれていた80％の部分でも、ネット上なら在庫コストがかからないため商品として表示することができ、その微々たる売り上げを集めると、結果的には大きな収益になる現象です。

例えば世界最大のネット小売り販売店のアマゾンでは、約２３０万の商品のうち、今までは死に筋だった約220万の商品から、およそ3分の1を売り上げています。

これは、10人のうち、お得意様の2人ではなく、今まで無視されていた残りの8人の要求にうまく応えているということであり、こうした一人ひとりのニーズに応える商売の出現は、すなわち、一人ひとりを大切にする社会が到来しつつあることを意味しているのではないでしょうか。

ロボット電車が普及すれば、商品だけでなく、人々の移動も自由に、しかも安くできるようになるのですから、ますますこの傾向が強くなるでしょ

う。

例えば私事ですが、10年ぐらい前に家内が、子供を産んでからしばらくの間、体調を崩したことがありました。保育園への送り迎えを、人材派遣会社を通してお願いしたのですが、我が家までのスタッフの交通費もプラスされて、結構な料金を取られた記憶があります。

このようなサービスも、ロボット電車であれば、もっとリーズナブルな料金でお願いできるでしょうし、あるいは、逆に保育園からお迎えのロボット電車が来てくれるかもしれません。保育園だけでなく、病院、エステ、塾なども、送迎してくれるようになるでしょう。

ロボット電車が普及すれば、人々の移動がすばやく、しかも安く行えるようになるのですから、顧客一人ひとりの細かい事情に合わせても利益が上がる「ロングテール現象」が、ネット上だけでなくリアル社会にも広がり、一人ひとりを大切にする社会が到来するでしょう。

コラム

あなたのロボ電は銀河鉄道999？　それとも江ノ電？

アメリカが世界のＧＮＰの半分を占めていた頃、豊かなアメリカの高校生は、自分の車でハイスクールに通ったそうです。その上、車のキーを差し込んだまま、一日中、学校に止めていても、誰も車を盗まれなかったぐらい、社会は安定していたそうです。

ロボット電車が広がり、その便利さが理解されると、日本もそんな社会に近づいていくのではないでしょうか。

まず、初めは一家に1台の購入でしょうが、しだいに夫婦で別々に購入するようになるかもしれません。

そして、豊かな時代のアメリカの高校生どころか、小学生の子供が兄弟でも別の学校に通うようになると、一人1台の時代になっていくのではないかと思うのです。

我が家では、上の子は小学校4年生になるのですが、まだ携帯電話を持たせていません。クラスの半分ぐらいの子が持っているようで、「僕もケータイがほしいな」とよく言っています。

ロボット電車の時代になったら、「○○君も、自分のロボ電、持ってるんだよね。僕も早くロボ電がほしいな」と言うようになりそうです。

また、ロボット電車に備え付ける家具も、カントリー風、ヨーロッパ風、和風など、さまざまな種類のものが販売されるようになるでしょう。モーターショーならぬロボ電ショーが開催され、さまざまなロボット電車が毎年登場し、住宅展示場ならぬロボ電展示場ができるでしょう。

春になると、ランドセルや学習机フェアならぬ、「新入生向けロボット電車フェア」なんかが開かれるようになっているかもしれません。

男性用なら、銀河鉄道９９９風にしたり、あるいはガンダム風にしたり、女性用なら、シンデレラのカボチャの馬車風、あるいはヨーロッパのオリエント急行風、なんていうのも売り出されているかもしれません。

年配の方向けには、レトロな江ノ電や箱根登山鉄道風なども受けるのではないでしょうか。

都心まで乗ってきたロボット電車は、品川や千住などにある、現在の車両基地や貨物操車場を改良したロボ電駐車場に自走して待機し、帰りはそれをケータイで指定の駅に呼び出す、というシステムになるでしょう。

やる気を生かして活気あふれる世の中を実現！

長年の教員生活で私がいちばん感動するのは、短期間で生徒がぐんぐん成長する姿を見たときです。若さというのはすごいもので、生徒自身のやる気と、それを生かす活動の場があれば、信じられないほど短い期間で恐ろしく成長するのです。

以前、夜間高校に勤めていたときに、昼間の高校を退学になった、やんちゃな若者たちがたくさん入学してきて、サッカーをやりたいと言い出したこと

がありました。私は、何か問題を起こすんじゃないかと不安になりながらも、そのサッカー部の顧問を引き受けました。

夜間高校ですから、授業が終わるのは夜の9時過ぎです。それから、照明をつけて毎日1時間ほどの練習をするのですが、練習時間の少なさにもかかわらずメキメキ上達して、わずか3カ月後の夏の県大会で優勝し、全国大会に進み、そこでも勝ち進んで、なんと全国で3位になったことがありました。

そのときに感じたことは、「人間はみんな何か才能を秘めているんだな。本人のやる気があり、志を同じくする仲間がいて、活動の場が与えられれば、短期間でも急成長することがありえるんだ」ということでした。

今の高等学校は、オートバイ禁止のところも多く、地下鉄など、交通機関が発達している都会の高校生でないかぎり、自転車や徒歩での移動がほとんどです。当然、活動の範囲も狭くなりがちです。少子化で、同い年の人数自体が減っている中で、さらに狭い行動範囲では、気の合う仲間を見つけるのも大変でしょう。サッカーをやりたければ最低でも11人、バンドをやりたければ4人は必要ですが、なかなか集まらないのが現状です。

もしロボット電車が普及すれば、ネットを使って自分と意見やレベルの合うサークルやクラブを見つけて仲間をつくった場合、その仲間たちと、たとえ１００㎞ぐらい離れていても、自由に会って練習できるようになるでしょう。そうなれば、前述の高校生たちのように短期間で上達して、信じられないほど上手なスポーツチームやバンドグループができるかもしれません。

経営学者・社会学者の故ドラッカー博士は、「21世紀は組織の時代になる」という趣旨のことを言っています。これは、集団アリのようにみんな同じに動くのではなく、個々の才能を輝かせながら一つのチームとして進んでいく、あたかもホルンやバイオリンなどのエキスパートが集まってオーケストラを組むようなイメージです。

ロボット電車は人々が自由に移動できるようになる手段です。オーケストラのそれぞれの団員が日本のどこにいても、スッと集まって活動できるための、必須アイテムになるでしょう。

高校生や大学生だけでなく、社会人の間にもさまざまな団体ができて、日本のどこにいようが関係なく活動できる時代が、きっと来るでしょう。

龍馬さんや西郷さんのようなスケールの大きな人がいっぱい誕生!?

私は子供の頃から旅行が好きで、中学生のときには週末によくキャンプに行っていました（といっても、当時住んでいた大阪市内から阪急電車で30分ほどの六甲山に登り、飯盒炊爨《はんごうすいさん》をし、テントに泊まって帰ってくるだけでしたが）。

学生時代も、オートバイに乗って、いろんな所を旅しました。滝がそのまま温泉になっている、北海道のカムイワッカの滝のスケールの大きさに感動したり、坂本龍馬さんに憧れて、高知の桂浜で一日中、海を見ていたこともありました。

社会人になってからは、なかなか旅行に行けなくなり、特に家族を持ってからは、家庭と職場の往復の毎日です。

毎日、同じ人たちと仕事をしていると、気心が知れていて楽でよいのですが、お互いにアイデアや考え方も似てきて、いつの間にか小さくまとまっている自分を感じます。

ロボット電車が普及して、毎週、気軽に旅行に行けるようになったら、どうなるでしょう。先週はカムイワッカの滝の温泉に浸かり、今週は桂浜で太平洋を眺める、そんな週末を送っていたら、きっと、おもしろい発想や、スケールの大きな考え方ができるようになるのではないでしょうか。

政治家や官僚、会社の社長など、社会の中心的な人々も、坂本龍馬や西郷隆盛のように、大胆に考えて行動する時代になるでしょう。そうなれば、日

本はきっと、おもしろい国になっていくと思います。

現在でも、日本は世界第2位の経済大国で、しかも最近は、マンガやアニメなどが世界に発信されて文化大国にもなりつつあります。

そのようなときに、あっちこっちに龍馬さんや西郷さんのような大人物が出てきて、国内だけでなく世界中で大胆に行動し、活躍するようになるなんて、想像しただけでワクワクしてきませんか？

そして黄金の国ジパングへ

そうやって日本人が世界中で活躍するようになってくると、その繁栄のノウハウを私たちにも教えてほしいという、各国からの要望が強まり、日本はアジアの発展のため、留学生の受け入れに力を注ぐようになるでしょう。

もちろん、１９８０年代の中曽根内閣の時代から、留学生10万人受け入れ政策を掲げていましたが、当時は、留学生側の大部分は出稼ぎが目的で、大学側は学生確保の目的での受け入れが多く、技術や知識をきちんと習得して祖国の発展に貢献する学生は少数派でした。

そのため、近未来の日本では、次のようなシステムが採用されています。

まず、各国に日本留学向けの基礎学校があり、そこで、日本語をはじめとした基本的な学習をして、一定のレベルに達した者のみが日本への留学ができるようになっています。

そして来日した留学生は、最初に北海道にある広大な留学センターに入るのです。そこで、日本の文化を学びながら、アドバイザーの助言を得て、自分に合いそうな大学や研究機関、企業などを選択し、そこへ研修に行くわけです。

留学生一人ひとりには、日本にいる間ずっと、ロボット電車が貸し出され、彼らは、そのロボ電を使って全国各地の研修先に行けるのです。

そんなことから、ロボ電の恩恵にあずかった留学生たちは、口々にロボット電車のすばらしさをほめそやすのが常になっています。それがまた、ロボ電の海外輸出にもひと役買うようになっているでしょう。

それでは、最後を締めくくるにあたり、アジア某国からの留学生、マルコ君とポーロ君の合同留学レポートをひもとくことにしましょう。

＊　＊　＊

この国の人々は、老若男女を問わず、鉄でできた馬車のような乗り物で自由に移動している。その乗り物は、馬も従者もついていないのに、目的地まで昼夜を問わず自動的に運んでくれるのだ。しかも、トイレやバス、キッチン、そしてベッドまで付いている豪華さである。

　この鉄の動く箱が普及して、この国は大きく変わったそうである。

　まず、毎年数千人もの死亡者を出していた交通事故が激減し、通勤・通学のストレスからくる病気やイジメ、自殺も減り、犯罪も減ったそうだ。また、気の合う人どうしが同じ村や町に住むようになったので、さまざまなトラブルが減る一方で、近所づき合いが増えたという。趣味の合う人との出会いが増え、遠距離恋愛も楽になったので、結婚するカップルが増えたともいう。さらに、離婚率は下がり、昔は大問題になっていた少子化も止まって、子供が増え始め、ようやく人口減が止まったとか。

政府は、この動く鉄の箱の通り道さえしっかり整備しておけばよく、上下水道や道路などの社会資本整備費にかけていた巨額のお金が必要なくなり、かつて国と地方を合わせて800兆円にのぼったという天文学的な借金も、順調に返済が進み、今年でほぼ完済されると聞く。

そのため、昔のように多額の税金は必要なくなり、国防費や教育費などに使われる税金は所得の5%でよく、健康保険や年金の補塡《ほてん》に回る消費税5%を加えても、国民の収入に対する税負担率は10%にしかならないそうな。

また、この鉄の箱の乗り物は水素によって動き、その水素も風力発電や太陽光発電などによって自国でつくられており、燃料用の石油は一滴も輸入していないそうだ。

そのため、産油国に足元を見られ、高い石油代の支払いに苦しんでいる国々とは違って、対等な外交を貫いている。

さらには、農業も「からくり人形」（人型ロボット）がたくさん導入されて効率もアップし、農薬を使わず安全でおいしい食べ物が、自宅へ自動的に鉄の箱の乗り物で届けられるのだから、驚くかぎりである。

そして、この国の人々は、小さいときから自分の興味・関心のある物事を中心に勉学に励み、才能を生かして、それぞれが魂の器に合った、個性を輝かせる仕事についている。

そのため、この国の人々は、正直で、博識で、しかも慈愛に満ちており、まるで黄金の後光がさしているような眩しさを感じる。

彼らの鉄の箱は物質的に黄金でできているわけではないのだが、私たちには黄金の車輪が回っているように見えるのだ。経済的にも精神的にも豊かで、まるで人々が黄金のオーラに包まれて光り輝いているような雰囲気がある。

ここは、まさに黄金の国「ジパング」である。

キラ
キラ
東方見聞録
ロボ電

おわりに

「だめだよ、夢を持たなきゃ。夢のない人間は人間とは言えないよ。行き当たりばったりの人生を生きている人は動物と変わらないんだよ」と、少しきつい言い方をしてしまった私に、生徒はムッとしたらしく、「じゃあ、先生の夢は何なの?」と聞き返してきました。口ごもって答えられない私。

高校時代に宮崎駿《はやお》氏のアニメーション映画『風の谷のナウシカ』を見て、主人公の少女が大空を自由に飛び回る「メーベ」という乗り物に衝撃を受け、大学では、迷わず航空工学を学びました。

小田原のハンググライダーショップに住み込み、ハブさん(私のハンググライダーの師匠)と一緒に、100ccのエンジンをハンググライダーに積み、プロペラを付けて、大磯の海岸からナウシカのように大空を飛び回った日々。「いつかは、おばさんが買い物かごを抱えて自由に飛び回れる乗り物をつくろう」と、師匠と朝まで語り合ったあの頃。

あれから20年が経《た》ち、その間、バブルが崩壊し、ハンググライダーショップも消え、私は教職の道を選びました。結婚し、子供も生まれ、日々、淡々と職場に通い、いつしか夢を忘れてしまっていたようです。

「じゃあ、先生の夢は何なの?」

生徒の問いかけで、ようやく思い出しました。

3次元(グライダー)を2次元(ロボット電車)に置き換えて、20歳の頃のように大ボラを吹いてみました。今度、生徒に聞かれたら、これが私の夢だよと、この本を渡したい、そう思って書きました。

最後までおつき合いくださってありがとうございます。ぜひ感想をお聞かせください。

2008年1月

千馬　勇

まーろ
あなたっ!? こんな所で寝て~~っ
Z Z
あれれ? ロボ… ロボ電は…?
もおっ ねぼけてっ 早く起きてー
そんなに酔ってて~ どうやって帰ってこれたの
ロボ電 ムニャムニャ
おしまい
フッ
大阪弁だったよねー

参考文献

『ロボットが日本を救う』中山眞／著（東洋経済新報社）
『わかりやすいロボットシステム入門』松日楽信人、大明準治／共著（オーム社）
『鉄道のしくみと走らせ方』昭和鉄道高等学校／編（かんき出版）
『新幹線がなかったら』山之内秀一郎／著（朝日新聞社）
『数字で見る鉄道２００６』国土交通省鉄道局／監修（運輸政策研究機構）
『「夢の超特急」、走る！』碇義朗／著（文藝春秋）
『リニアモーターカー　超電導が21世紀を拓く』京谷好泰／著（日本放送出版協会）
『明治という国家』司馬遼太郎／著（日本放送出版協会）
『数年後に起きていること』日下公人／著（ＰＨＰソフトウェア・グループ）
『自信がよみがえる58の方法』日下公人、中谷彰宏／共著（メディアワークス）
『甦った日本経済のゆくえ』長谷川慶太郎／著（実業之日本社）
『日本の社会資本　21世紀へのストック』経済企画庁総合計画局／編（東洋経済新報社）
『環境白書』環境省／編（ぎょうせい）
『電子材料王国ニッポンの逆襲』泉谷渉／著（東洋経済新報社）
『知の巨人ドラッカーに学ぶ21世紀型企業経営』一条真也／著（ゴマブックス）
『青春に贈る』大川隆法／著（幸福の科学出版）
『奇跡の法』大川隆法／著（幸福の科学出版）

著者■千馬 勇（ちば・いさむ）

1967年大阪下町生まれ。

幼い頃から旅行や乗り物が好きで、一日中環状線に乗ったり、週末にはキャンプに出かける不思議少年だった。

大学では航空工学を学び、ハンググライダーショップに住み込み大空を飛び回る一方、お金ができると、バッグ一つで中国大陸やアジアの国々を回ったり、自転車でヨーロッパを走ったり、車でアメリカ大陸を横断する不思議青年だった。

現在は千葉県の高校で数学の教員をしながら、通勤電車の中で「こうすれば世の中よくなるのに」とあれこれ妄想にふける不思議中年である。

2007年、『走れ！ ロボ電!!』で「幸福の科学ユートピア文学賞」大賞を受賞。日本ロボット学会会員。

カバー・本文イラスト■大橋 明子

走《はし》れ！ ロボ電《でん》!!

――コレで世の中変わるぞ！ 近未来プロジェクト

2008年 2月 7日 初版第1刷

著　者　千《ち》馬《ば》勇《いさむ》
発行者　本地川 瑞祥
発行所　幸福の科学出版株式会社
〒142-0051 東京都品川区平塚2丁目3番8号
TEL(03)5750-0771
http://www.irhpress.co.jp/

印刷・製本　株式会社 堀内印刷所

落丁・乱丁本はおとりかえいたします

ISBN 978-4-87688-589-3　C0095

マンガ 永遠の法 ①②③

大川隆法 原著
マンガ永遠の法シナリオプロジェクト 脚本
橋本和典 漫画

ＩＳ社の池波智朗と乙山由香は、心霊研究をきっかけに霊界で坂本龍馬と会う。二人は、龍馬の案内で、四次元世界、五次元世界へと霊界探究を深めていく。そして由香の出生の秘密が次第に明らかに……。

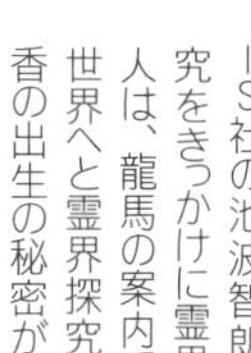

各定価 788 円
（本体 750 円）

マンガ 常勝の法

大川隆法 原著
マンガ常勝の法シナリオプロジェクト 脚本
黒須義宏 漫画

勇気いっぱいの真田勇斗と、経営再建に汗を流すパパ仁。天使たちの支援を受けて、いじめや左遷といった困難にチャレンジする家族のサクセス・ストーリー！ 人生の勝負に勝つ成功法則がマンガで読める！

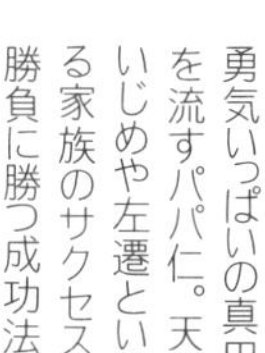

定価 788 円
（本体 750 円）

マンガ 幸福の法

大川隆法 原著
橋本和典 脚本
田中富美子 漫画

23歳OL長田優。自分を認めてくれない会社に不満がいっぱい。同僚の白石君の心配をよそに、妄想の世界へと現実逃避するうち、いつしか悪霊が取り憑き……!?

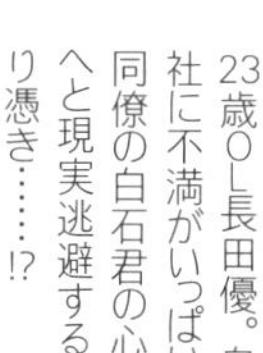

定価 788 円
（本体 750 円）

マンガ 神秘の法

大川隆法 原著
橋本和典 脚本
辻篤子 漫画

女子大生の十和野智美はある日、父親が行方不明となったことを知る。智美は、霊能力を持った従兄弟の真とともに父親の後を追ってイギリスに飛んだ！ そこで二人を待ち受けていた事件とは……!?

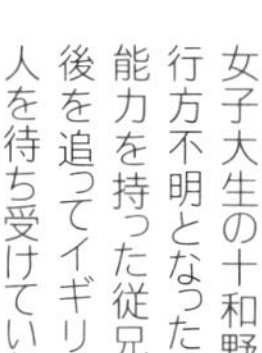

定価 788 円
（本体 750 円）

心の総合誌 ザ・リバティ The Liberty

毎月30日発売
定価520円(税込)

中国「13億人」の未来
この大国はどこへ行こうとしているのか
第1回 共産主義の国の宗教ブーム

「国交省発大不況」を防げ

「アスペルガー症候群」の正しい見方

だから大阪経済は復活する!

大川隆法 自分の自由になることとならないことを分ける

心の健康誌 アー・ユー・ハッピー?

毎月15日発売
定価520円(税込)

幸せがかなう! 幸せが増える!
賢い女のマネー術

転生で見る男女の生まれ変わりとは
大川隆法

夢の中を変えていく ドリーマーズ・ブレイク
大川きょう子 白倉律子

全国の書店で取り扱っております。
バックナンバーおよび定期購読については
下記電話番号までお問い合わせください。

幸福の科学出版の本、雑誌は、インターネット、電話、FAXでもご注文いただけます。

1,470円(税込)以上送料無料!

http://www.irhpress.co.jp/
(お支払いはカードでも可)

0120-73-7707(月～土/10～18時)
FAX:03-5750-0782(24時間受付)